최신 기초피부관리 실습

구민사

저자약력

김남연 한양대학교 보건학과 보건학 박사
EBS 피부과학 방송 강사 역임
내꿈을 펼쳐라 – 피부미용사편 한방미용학 강사 출연
내셔널 토탈뷰티 콘테스트 대회장 역임
디지털 서울문화예술대학교 총장배 전국미용경진대회 대회장
디지털 서울문화예술대학교 토탈미용예술학과 학과장, 대외협력처장 역임중
피부미용국가자격시험 실시시험 감독

최신 기초피부관리 실습

초 판 인 쇄 | 2024년 2월 15일
초 판 발 행 | 2024년 2월 25일

저 자 | 김남연
발 행 인 | 조규백
발 행 처 | 도서출판 구민사
(07293) 서울시 영등포구 문래북로 116, 604호(문래동 3가 46, 트리플렉스)
전 화 | (02) 701-7421
팩 스 | (02) 3273-9642
홈 페 이 지 | www.kuhminsa.co.kr

신 고 번 호 | 제 2012-000055호(1980년 2월 4일)
I S B N | 979-11-6875-356-3 93590
정 가 | 28,000원

머리말

급변하는 현대 사회 속에서 현대인들의 소비형태 또한 변화되고 있으며, 그에 따른 뷰티 산업은 눈부신 성장을 하고 있고, 그 중 피부 미용 산업은 고부가가치 산업으로써 더욱 크게 주목을 받고 있습니다.

국내외 전반적인 소비 트렌드로 웰빙(Well-Being)에서 힐링(Healing)으로 몸과 마음의 편안함과 행복을 추구하는 것에서 더 나아가 삶의 치유 개념으로 바뀌어 가고 있는 실정입니다.

그래서 현대인들은 자신을 위해 치유 받고 싶은 마음으로 위로형 소비를 하고자 뷰티테라피에 대한 관심과 요구가 점점 증가되고 있는 추세입니다.

이에 부응하여 우리 에스테티션은 소비자들의 욕구(Wants)와 필요(Needs)를 파악하고 충족시킬 수 있도록 노력하고 있습니다.

본 교재는 피부 관리에 필요한 모든 이론적 지식과 현장 경험의 관리 노하우를 바탕으로 다루어진 현실적이고 실질적인 피부 관리 전공서로써 피부미용 전공자나 현장 실무전문가에게 실전교육을 통하여 좀 더 이해하기 쉽게 집필하여, 현장 실무에 직접 적용할 수 있도록 차별화하여 구성하였습니다.

끝으로 미처 다루지 못하고 미흡한 내용들은 추후 개정출판을 통하여 보완할 것을 약속드립니다.

그리고 이 소중한 책을 출간할 수 있도록 큰 도움 주신 도서출판 구민사 조규백 대표님 이하 직원 여러분들께 머리 숙여 감사드리며, 또한 이 책이 출간되기까지 많은 기대와 관심을 가지고 기다려주신 모든 분들께 감사드립니다.

저자 드림

Preface

PART 1

피부미용

CHAPTER 1. 피부미용 실기 12

1. 피부의 구조 12
2. 피부미용의 개요 31

CHAPTER 2. 피부유형별 특징 및 관리방법 36

1. 일반 피부유형 36
2. 문제성 피부유형 46

CHAPTER 3. 피부 국가시험대비 실기 테크닉 68

1. 국가기술자격 미용사(피부) 실기시험 안내 68
2. 1과제 – 얼굴관리 73
3. 2과제 – 팔, 다리관리 87
4. 3과제 – 림프를 이용한 피부관리 90

PART 2

얼굴관리

CHAPTER 1. 클렌징(Cleansing) 94

1. 클렌징의 의의 94
2. 클렌징의 목적 95
3. 클렌징의 유의사항 96
4. 클렌징 단계 96
5. 클렌징 제품의 종류 97

CHAPTER 2. 딥클렌징(Deep Cleansing) 106

1. 딥클렌징의 정의 106
2. 딥클렌징의 목적 및 효과 108
3. 딥클렌징의 방법 109
4. 딥클렌징의 종류 110
5. 딥클렌징 시 주의사항 120

Contents

CHAPTER 3. 마사지(Massage) 121

1. 마사지의 어원 121
2. 마사지의 목적 122
3. 마사지의 효과 122
4. 마사지의 기본동작 123
5. 매뉴얼 테크닉 관리 129
6. 안면 매뉴얼 테크닉을 위한 근육과 기능 132
7. 마사지의 종류 135

CHAPTER 4. 매뉴얼 테크닉 실기 168

1. 기초 피부관리 실습 실기 테크닉 168

CHAPTER 5. 팩과 마스크 189

1. 팩의 기능 189
2. 팩의 종류와 특징 190
3. 마스크와 팩의 차이점 191
4. 팩과 마스크의 일반적 효과 192
5. 형상에 따른 분류 194
6. 제거방법에 따른 분류 196
7. 유형에 따른 분류 197
8. 팩 시술방법 203

PART 3

전신관리

CHAPTER 1. 전신관리 212

1. 전신관리의 목적 212
2. 전신관리의 효과 213
3. 셀룰라이트의 관리(Cellulite Treatment) 215
4. 전신관리의 단계 224
5. 전신관리에 이용되는 신체 부위 225
6. 신체근육부위도 226
7. 전신관리 시 준비사항 227
8. 전신관리 시 유의사항 229

CHAPTER 2. 손, 팔관리 230

1. 팔의 구조 230
2. 팔의 근육 231
3. 상완이두근(위팔두갈래근, Biceps Brachii) 234
4. 상완삼두근(위팔세갈래근, Triceps Brachii) 236
5. 주관절(Elbow Joint) 237
6. 팔꿈치(Elbow) 238
7. 팔 마사지의 목적 238
8. 팔 마사지의 효과 239
9. 팔에 따른 증상들 239

Contents

CHAPTER 3. 등관리 241

1. 등 마사지의 목적 및 효과 241
2. 등 마사지 전 체형분석 242
3. 등 근육 명칭 및 작용 246
4. 등 마사지 시 유의사항 249
5. 통증 부위별 스트레칭 방법 250

CHAPTER 4. 다리관리 253

1. 다리관리의 목적 253
2. 다리근육의 명칭 254
3. 다리근육의 작용 258
4. 정맥류 260

CHAPTER 5. 가슴관리 261

1. 가슴관리 의의 261
2. 가슴의 해부학적 구조 263
3. 가슴관리 시 유의점 264
4. 가슴관리 주요 동작 264

CHAPTER 6. 복부관리 266

1. 복부비만의 정의 266
2. 복부비만의 원인 268
3. 복부비만의 증상 270
4. 복부비만의 형태 271
5. 복부비만의 해결 방법 272
6. 식이요법 274
7. 체지방 276
8. 복부의 근육 276

부록

01. 2023년 미용사(피부) 실기시험문제(공개용) 280

02. 2023년 미용사(피부) 실기시험 변경 내역 294

03. 미용사(피부) 실기공개문제 관련 FAQ Vol. 2(문제관련) 295

04. 미용사(피부) 수험자 복장 감점 적용범위 302

05. 2023년 미용사(피부) 실기시험 수험자지참재료목록 304

06. 미용사(피부) 실기공개문제 관련 FAQ Vol. 2(재료관련) 310

Contents

Salon Teatment of Esthetic

PART 1

피부미용

CHAPTER 01 피부미용 실기

CHAPTER 02 피부유형별 특징 및 관리방법

CHAPTER 03 피부 국가시험 대비 실기 테크닉

CHAPTER 01

피부미용 실기

1 피부의 구조

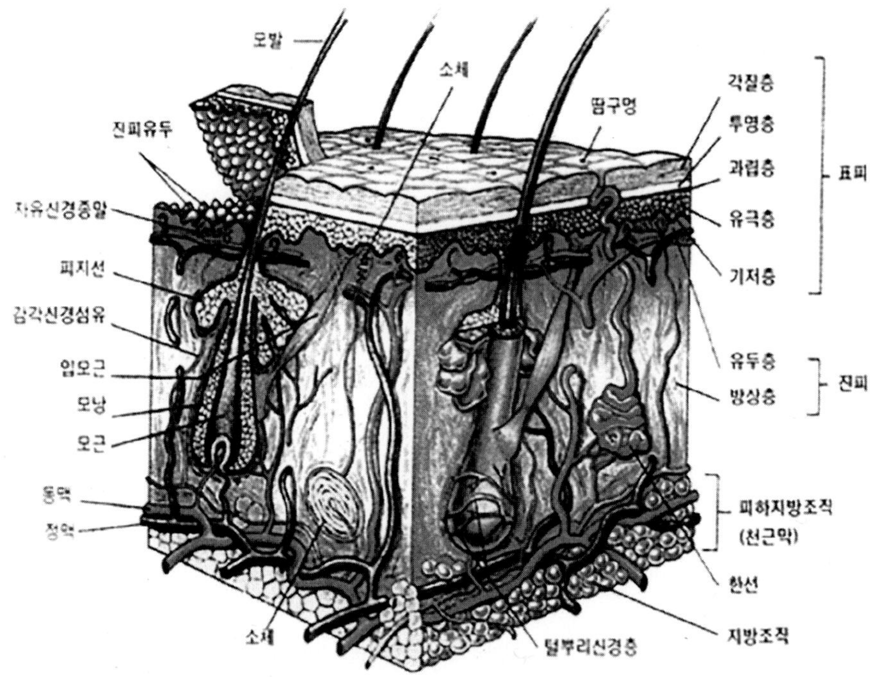

1) 개요

피부는 신체 외부를 덮고 있는 기관으로 바깥쪽에서부터 표피, 진피, 피하지방층의 세 개 층으로 구성되어 있고, 외부에 직접 노출되어 있어 끊임없이 자극을 받고 있으므로 피부가 건강하지 못하면 내부로 위험요소가 투입되기 쉽게 된다.

표피는 중층편평상피의 각질형성세포가 대부분을 차지하고 있어 탈락 후 재생이 가능하며 작은 반응에도 민감하게 반응하는 성질 때문에 외부로 부터의 저항력이 있다.

피부의 무게는 성인의 경우 신체무게의 20%를 차지하며 피부에서 가장 두꺼운 부위는 발바닥과 손바닥이고, 이는 약 6mm 정도이며 가장 얇은 부분은 눈꺼풀과 고막으로 약 0.5mm이다.

또한, 건강한 피부는 pH4.5~6 정도의 약산성이며 피부의 산도는 땀샘 및 기름샘에서 분비되는 젖산염, 지방산, 아미노산 등에 따라 달라진다.

2) 피부의 구조

피부의 구조는 표피, 진피, 피하지방으로 이루어져 있으며, 표피는 각질탈락층으로 가장 상층에 위치하여 피부를 보호하고, 콜라겐 섬유와 탄력 섬유와 같은 기질 단백질로 이루어진 진피는 표피 아래에 위치하여 피부 상태를 결정하는 역할을 하며 혈관, 신경, 땀샘 등이 있다.

피하지방층은 지방세포로 구성되어 있으며 두께는 성별, 나이, 영양 상태에 따라 다르다.

피부는 체온 조절과 외부 환경에 대한 장벽으로의 기능 등 다양한 기능을 가지고 있다.

(1) 표피(Epidermis)

표피(Epidermis)는 피부 가장 바깥층으로 신체내부를 보호하는 역할을 한다.

표피는 각질형성세포(Keratinocyte), 멜라닌 세포(Melanocyte), 랑게르한스세포(Langerhans Cell) 및 머켈세포(Merkel Cell)의 유기적 결합으로 형성되어 있다.

이들 세포 중 표피의 주 구성세포는 각질형성세포이고 인위적으로 기저층, 유극층, 과립층, 투명층, 각질층으로 구분하고 있으며, 각질층이 가장 중요한 보호막 기능을 하고 있다.

① 각질형성세포

• 각질층

피부의 가장 바깥에 위치하며, 무핵의 죽은 세포로 약 20~25개의 층으로 겹겹이 쌓여있고, 피부표면에 가까울수록 납작하고 길쭉한 모양을 하고 있다.

각질층은 어느 정도 두께를 유지하고 있다가 순서대로 때의 형태로 떨어져 나가게 되고, 2~4개 층의 죽은 세포의 잔재와 지질로 구성된 각질층이 우리 몸을 보호하는 기능을 수행하고 있다.

주성분으로는 케라틴 단백질, 지방, 천연 보습인자(NMF), 수분 등으로 구성되어 있다.

각질층의 수분함유량에 따라 두께가 달라지는데 적당한 수분함량은

10~20%이며, 수분함유량이 10%로 적어지면 각질이 두꺼워져 피부결이 거칠어지고 피부노화가 촉진된다.

각질층은 외부손상으로부터 피부를 보호하고 유해물질이 침투하는 것을 방지하며, 내부 환경에 항상성을 유지한다.

• 투명층

피부의 가장 두꺼운 층으로 생명력이 없는 2~3개 층의 편평세포체로 빛 을 차단하는 역할을 한다.

손바닥과 발바닥 등 비교적 피부층이 두꺼운 부위에 분포되어 있고, 엘라이딘(Eleidin)이라는 반 유동적 단백질로 이것은 수분침투를 방지하고, 피부를 부드럽게 해주는 역할을 한다.

• 과립층

각질층 바로 밑에 위치하며, 2~5개의 층으로 무핵의 세포로 이루어져 있고, 각질화 과정이 시작되는 곳이다.

케라틴 단백질이 뭉쳐진 케라토히알린과립(Keratohyalin, 각질효소)이 생성되어 피부의 퇴화가 시작되며 수분이 결여되고 세포가 건조해진다.

• 유극층

표피의 대부분을 차지하는 층으로 5~10개 층의 유핵세포 층이다.

세포의 표면에는 가시모양의 돌기로 인접세포와 연결되어 있어 가시층 이라고도 부른다.

피부의 면역을 담당하는 랑게르한스세포가 존재하며, 유극층의 다세포 사이에는 림프액이 있어 피부의 혈액순환과 영양공급이 이루어지므로 피부미용에 매우 중요한 역할을 한다.

핵이 존재하는 유극층에서 세포분열능력은 피부손상이 심할 경우에 일어나며, 유극층의 상반부로 갈수록 세포의 모양은 납작한 형태를 나타내며, 각기 세포사이의 공간도 줄어든다.

세포사이의 교소체가 존재하여 접착판의 역할을 하고 세포가 위로 이동하면서 접착은 줄어들고 각질층에서 사라진다.

• 기저층

표피의 가장 깊은 곳에 위치한 세포층으로 원추모양의 단층으로 재생층 이라고도 한다.

살아있는 세포층이며 진피층과 물결모양의 경계를 이루고 있어 진피림프관과 혈관에서 산소와 영양분을 받아들이고, 이산화탄소와 노폐물을 배설한다.

각 세포와 상층의 극세포와는 세포간교 즉, 교소체로 연결되어 있다.

기저층에서 존재하는 각질형성세포만이 분열하는 능력을 가지고 있는데 새로운 세포를 형성하면, 두 개로 분열하여 하나의 세포는 유극층으로 이동시키고, 다른 하나는 기저층에 머물면서 계속적인 분열로 새로운 세포를 만들어낸다.

기저층에는 케라틴을 만드는 각질형성세포와 피부색을 결정하는 색소형성세포를 가지고 있는데 4:1 또는 10:1의 비율로 존재한다.

② 멜라닌 세포(Melanocyte)

멜라닌 세포는 자외선을 흡수하거나 산란시켜 우리 인체내에 자외선이 들어

오지 못하도록 보호하는데, 표피에 존재하는 세포의 약 5%를 차지하고 있으며 대부분 기저층에 위치한다.

각질형성세포와 멜라닌 세포는 10:1의 비율로 기저층에서 분포되어 있고 신진대사를 거치는 과정 중 수상돌기를 뻗어 표피 기저층으로 확산되어 기저층을 보호하고, 각질층으로 이동하여 각질과 함께 탈락된다.

피부색을 결정하는데 가장 중요한 인자는 멜라닌 색소로 멜라닌 세포를 만든다.

흰 백인의 피부와 갈색의 동양인 피부, 검은 흑인의 피부색은 멜라닌 세포의 수는 일정하지만 계속적으로 생장하는 멜라닌소체의 수, 크기, 분포 및 각질형성세포 내의 멜라닌소체의 분해 정도에 의해 피부색이 결정된다.

멜라닌 색소는 피부뿐만 아니라 모구, 눈의 망막, 뇌막 등에서도 만들어지며, 멜라닌합성에 영향을 주는 인자는 자외선, 유전적 소인, 환경적 요인, 호르몬, 식품 등에 있다.

• 멜라닌 색소 형성 과정

티로신 단백질이 효소 티로시나아제(Tyrosinase)의 작용을 통하여 산화되어 도파(DOPA)가 되고, 도파퀴논(Dopaquinone)으로 전환된다. 도파퀴논은 5, 6-dihydroxyindole을 거쳐 indole-5, 6-quinone이 형성되어 최종적으로 멜라닌 색소를 생성하게 된다.

• 멜라닌 색소의 특징

여러 가지 요인에 의하여 색소를 만들어 내는데 멜라닌 색소는 자외선을 흡수하기 때문에 세포에서 핵을 자외선으로부터 보호하기 위하여 멜라닌 색소를 핵 위에 펼쳐놓은 것이다. 따라서 색소를 만드는 것은 우리 인체를 자외선으로부터 보호하려고 하는 의도에서 나타나는 현상이다.

외부적으로 보면 자외선에 의한 색소침착으로 보이지만 실제적으로는 피부 보호 기전의 작용에 의하여 형성된다.

그러므로 과도한 자외선 조사, 질병, 유전 등에 의한 원인일 경우 기미, 주근깨 등과 같은 과색소침착을 일으키게 되는 것이다.

③ 랑게르한스세포(Langerhans Cell)

랑게르한스세포는 방추형의 세포돌기를 가진 것으로 유극층에 대부분 존재하며 림프절, 흉선 등에서도 발견된다.

피부에 존재하는 대표적인 면역세포로 긴 돌기를 뻗고, 피부를 통하여 들어오는 외부물질을 감시하는 역할을 하기도 한다.

자신의 피부에 맞지 않는 화장품이나 어떤 물질에 접촉하였을 때 알레르기 반응을 일으키는 것도 피부면역의 한 예이다.

랑게르한스세포는 외부물질을 처음으로 인지하여 T림프구에 전달하는 작용을 하는 매우 중요한 면역세포이다.

④ 머켈세포(Merkel Cell)

머켈세포는 기저층에 위치하고 있으며 주로 손바닥, 발바닥, 입술 등에서 발견되고 신경섬유의 말단과 연결되어 있다. 피부에서 촉감을 감지하는 역 할을 하는 세포로 작용하기 때문에 촉각세포라고도 한다.

(2) 진피(Dermis)

표피보다 20~40배의 두께로 0.5~4mm 정도이며 피부의 90%를 차지하는 실질적인 피부라 할 수 있다.

진피조직으로는 콜라겐조직과 엘라스틴섬유, 뮤코다당류로 구성되어 있고, 부속기관으로 기름샘, 땀샘, 혈관, 신경관, 림프관, 모발과 입모근이 분포되어 있다.

신체의 탄력과 피부의 건강에 중요한 역할을 하며 표피에 영양분을 공급하여 표피를 지지하고 외부로부터 몸을 보호한다.

수분을 저장하는 기능과 감각에 대한 수용체 역할을 하고 표피와 상호작용으로 피부재생기능을 하기도 한다.

① 유두층

진피가 표피 쪽으로 둥글게 돌출되어 있는 돌출물을 유두라고 하며, 결합 조직으로서 콜라겐과 탄력섬유로 구성되어 있다.

유두모양의 돌기는 표피에 이어져있는데 모세혈관이 몰려있어 기저층에 많은 영양분을 공급해주는 역할을 하며 표피의 건강상태에 중요한 역할을 한다.

표피와 진피와의 경계는 물결모양의 파도 형태로 노화가 일어남에 따라 점점 평평해진다.

② 망상층

진피 전체의 80%를 차지하고 있으며, 굵고 응집된 형태의 교원섬유와 콜라겐 단백으로 되어 있다.

일정한 방향을 가진 섬유단백질인 콜라겐과 엘라스틴이 피부가 과잉으로 늘어나거나 파열되지 않게 보호하는 역할을 한다.

엘라스틴과 콜라겐이 일정한 방향성을 가지고 피부표면에 평행하게 배열되어 있어 이에 따른 주름이 생기는데, 이 선을 처음 발견한 사람이 칼 랑거 (Carl Langer)여서 랑거선(Langer's Line)이라고도 한다.

노화가 시작되면 콜라겐과 엘라스틴 생성 양이 감소가 되고, 콜라겐은 20세 후반부터 매년 1%씩 감소된다고 볼 수 있다.

또한 망상진피에는 혈관, 림프관, 신경관, 기름샘, 땀샘, 입모근 등이 분포되어 있고 감각기관으로는 압각, 한각, 온각이 있다.

③ 진피를 이루고 있는 성분들

• 교원섬유

진피의 주성분이며 여러 방향으로 3차원의 망상구조를 이루고 있으며, 이 망상구조가 피부의 탄력성과 신축성을 준다.

피부에 가해지는 압력이나 잡아당기는 힘에 저항하는 기능을 한다.

• 탄력섬유

피부탄력을 결정 짓는 중요한 요소로써 탄력소와 미세섬유단백으로 구성되어 있다.

탄력섬유는 변형된 피부가 원래의 모습으로 돌아오도록 피부의 탄력성을 제공하는 기능을 하게 되는데, 엘라스틴이 노화되면 피부의 탄력이 떨어지고, 영양결핍이 되어 위축된 피부가 된다.

• 기질

뮤코다당체라고 부르기도 하며, 히아루론산, 콘드로이친호아산 등의 단당백으로 구성되어 있다.

자기 무게에 수백 배에 해당하는 수분을 보유하는 성질이 있고, 보유 성분은 생체 내에서 쉽게 마르거나 얼지 않는 특성이 있다.

각질층 위에 수분막을 형성하여 수시간 동안 수분을 보존하는데, 이로 인해 피부에 보습과 유연효과를 부여하게 된다.

또한 주위에 다른 조직을 지지하며 염분과 수분균형, 결체조직 대사에 관여한다.

(3) 피하지방층(Subcutaneous Fat)

다량의 지방을 함유하고 있는 피부 가장 아래층을 피하지방층이라고 한다.

수많은 지방세포가 뭉쳐져 피하지방층을 이루며 진피의 교원섬유가 피하조직으로 내려가 엉성하게 결합되어 형성된 망상조직이다.

피하지방은 영양분과 산소를 공급하고 노폐물과 이산화탄소를 걷어들이는 역할을 하며, 체형의 굴곡을 결정짓고 외부로부터 내부를 보호하는 역할을 한다. 뿐만 아니라 지방세포들이 피하지방을 생산하여 수분을 조절하는 기능을 하며 몸을 따뜻하게 보호하는 역할을 한다.

눈꺼풀, 귀, 눈 밑, 입을 둘러싸고 있는 근육은 피하지방이 없고 피하지방층의 두께에 따라 체형이 결정된다. 신체부위, 성별, 연령, 영양 상태에 따라 피하조직의 두께가 다르게 나타난다.

3) 피부의 부속기관

(1) 한선(Sweat Gland)

한선의 가장 중요한 역할은 체온을 조절하는 것이고 땀이 배출되어 신체의 노폐물을 체외로 배설하는 기능을 담당한다.

우리 신체에는 약 100만 개 이상의 땀샘이 있고, 1시간에 2000~3000cc 정도의 땀을 만들어 내며 땀의 분비정도는 신경계에 지배를 받는다.

땀은 외부온도 상승, 발열현상, 운동, 감정의 변화, 자극적인 음식물 섭취 등에 따라 땀의 분비가 증가된다.

한선은 크기와 기능에 따라 소한선과 대한선으로 분류되며, 한선에서 분비되는 땀은 약산성으로 세균의 번식을 억제하는 작용을 하고 땀에는 99% 이상의 물과 1.0%의 소금(NaCl)과 요소(Urea), 젖산(Lactic Acid), 암모니아(Ammonia), 요산(Uric Acid), 크레아티닌(Creatinine) 등이 소량 함유되어 있다.

땀은 무색무취이며, 분비 시 염화나트륨이 빠져나오고 땀을 지나치게 많이 흘릴 때는 탈진상태가 되기도 한다.

(2) 피지선(Sebaceous Gland)

피지는 피부표면에 수분의 증발을 막아주는 역할을 하는 피부 표면에서 나오는 지방을 말한다.

진피층에 위치하고 손바닥, 발바닥을 제외한 전신에 분포되어 있으며 두피와 얼굴에 많다.

입술과 같은 얇은 점막에는 모낭이 없기 때문에 피부 표면으로 직접 분비하는 경우가 있는데, 이를 독립피지선이라 한다.

하루의 피지분비량은 평균 1~2g이 분비되며 환경에 따라 다소 차이가 있다. 또한 피지분비량은 청년기가 되면 절정에 달하고 갱년기가 되면 감소 하게 된다.

피지분비는 나이, 성별, 민족에 따라 다르며 온도, 건강상태, 호르몬, 계절 등에 의해 달라진다.

피지는 세균이나 곰팡이균을 방어하는 작용을 하며, 체온의 저하를 막아주고 모발에 윤기를 부여하는 역할을 한다. 피지선의 활성을 조절하는 요인으로 남성호르몬 테스토스테론(Testosterone)은 피지분비를 촉진시키고, 여성호르몬 에스트로겐(Estrogen)은 피지분비를 억제시키는 역할을 한다.

(3) 모발(Hair)

모발은 케라틴 단백질로 구성되어 있으며 인체 중 손바닥, 발바닥, 눈꺼풀, 입술, 배꼽, 유두 등을 제외한 전신에 존재하고 길이와 종류는 다양하다.

모발은 성장기, 퇴행기, 휴지기의 주기적인 과정을 거치며 성장과 소멸을 반복한다.

모발의 종류는 세기와 길이에 따라 경모, 성모와 연모, 생모, 장모, 단모 등이 있으며 여성이 남성보다 모발의 길이가 길며 두발 내에서도 후두부의 머리털이 가장 두껍고, 두정부가 가장 가늘다.

모발의 가장 중요한 역할은 보호의 기능으로 외부의 위험요인들로 부터 인체를 보호하는 것이다.

① 모발의 구조

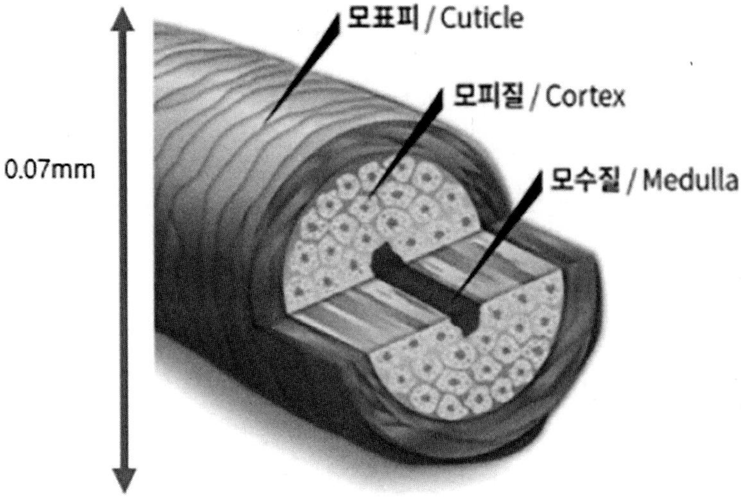

출처 : https://lookatbeauty.tistory.com/entry/%EB%AA%A8%EB%B0%9C%EC%9D%98-%EA%B5%AC%EC%A1%B0%EC%99%80-%ED%8A%B9%EC%84%B1

• 모표피(Hair Cuticle)

모발의 가장 바깥층에 있으며 평평하고 핵이 없는 판상의 세포로 얇고 딱딱한 비늘 모양의 친유성 보호층으로 색채를 띠지 않는다.

사람의 모표피는 일반적으로 5~10층 정도이고, 모발 내부의 보호를 형성하며, 친유성으로 물과 약재의 침투에 대한 저항력이 있어 외부환경으로부터 모피질을 보호한다.

모표피가 모발의 10~15%를 차지하며, 비율이 높으면 높을수록 모발이 단단하면서 광택이 있으며 건강한 모발이라 할 수 있다.

• 모피질(Hair Cortex)

모피질은 모발의 85~90%를 차지하며 모표피의 안쪽 부분에 있다.

모발의 탄력과 질감, 감촉 등 모발의 성질을 나타내는 가장 중요한 부분이다.

또한 과립상의 황색으로부터 짙은 갈색의 멜라닌 색소 입자를 함유하고 있으며, 모발의 색을 결정하는 층이고 친수성 부분으로 약재의 작용을 쉽게 받아 펌, 염색 등과 가장 관련성이 있는 부분이다.

• 모수질(Medulla)

모수질은 모발의 중심부에 위치하며, 가는 모발에는 거의 없고 모발 직경이 0.09mm 이상의 굵은 모발에만 존재한다.

모수질 부분은 공동(Cavity)으로 가득 찬 벌집모양의 다각형세포가 길이 방향으로 나열되어 있으며 약간의 멜라닌 색소를 함유하고 있다.

또한 털 성장에 영양을 공급하는 층으로 모발의 생존을 위한 중요한 부분이다.

② 모발의 성장주기

모발의 성장에 중요한 역할을 하는 모유두는 태어날 때부터 그 수가 결정되고 모유두의 수에 따라 모발의 수가 결정된다.

모발의 성장주기는 성장기, 퇴행기, 휴지기, 발생기의 4주기로 이루어지며 이는 모유두의 활동에 영향을 받는다.

모발은 나이, 계절, 생리적인 요소, 스트레스 등의 영향으로 탈모가 진행될 수 있으나 정상적인 탈모는 하루에 대략 100개 정도 이루어진다.

모발 주기 4단계

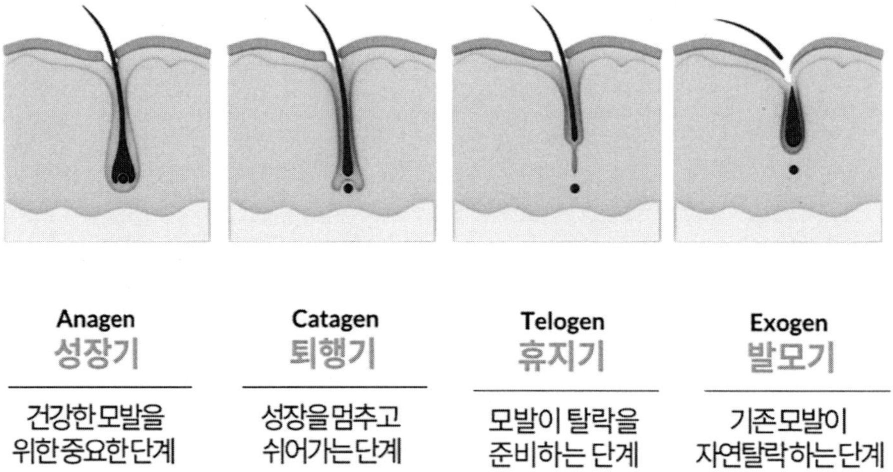

출처: https://smartstore.naver.com/drgraft/products/4737685487

• **성장기**(Anagen)

모발의 성장기는 모유두의 활동이 활발해지면서 세포분열이 진행되어 모발이 성장하는 시기로 퇴화기까지 자가 성장이 계속 이루어진다.

성장기는 보통 2~6년까지이며, 모발의 80~90%가 이 시기에 속하며 하루 평균 0.2~0.3mm 정도 자라고 더운 여름과 낮에 빠르게 자란다.

모발의 성장은 여러 환경적인 요인과 스트레스, 호르몬, 연령 등에 따라 달라질 수 있다.

• **퇴행기**(Catagen)

모발의 성장이 느려지는 시기로 전체 모발의 약 1%에 해당하며 퇴화기간은 약 1~2개월 정도 지속된다. 이 시기에는 세포분열이 감소되거나 정지하게 된다.

• 휴지기(Telogen)

휴지기의 모발은 새로운 모발이 생겨 밀어 냄으로써 머리를 감거나 빗질을 할 때 빠지게 되는데, 약 3~5개월 동안 이루어지고 이 기간 동안 모유두는 휴식기에 들어가게 된다.

휴지기에 해당되는 모발의 수는 전체 모발의 대략 10%에 해당되는데, 만약 휴지기 상태의 모발이 20% 이상이 되면 탈모가 많아지므로 두피와 모발관리에 주의해야한다.

• 발생기(New Anagen)

휴지기 동안 모유두가 새로운 모발을 만들고자 모구부와 결합되어 다시 세포분열이 왕성해 지는 시기이다. 이와 같은 성장주기를 약 10~15회를 거치면서 모유두는 생명을 다한다.

(4) 조갑(Nail)

조갑은 표피의 각질층이 변화한 케라틴이라는 경단백질로 이루어진 피부 부속 기관이며, 손가락·발가락 끝을 보호하는 중요한 기능을 하고 있다.

조갑은 모발과 달리 생장주기가 없어 계속적으로 성장하며, 손톱이 발톱 보다 성장이 빠르게 진행된다.

조갑에 함유된 수분의 양은 7~12%이고, 지방은 0.15~0.76%로 조갑이 알코올과 같은 용매에 자주 노출되면 유분과 수분이 제거되어 매우 건조해져 쉽게 부러질 수가 있다.

① 조갑의 구조

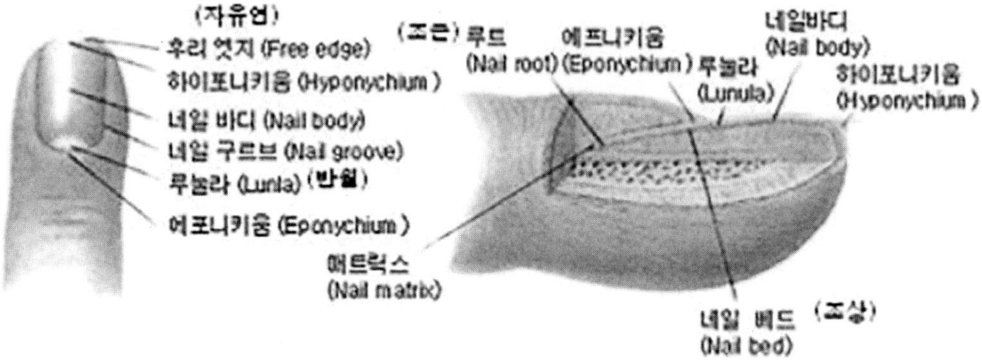

▲ 손톱의 단면 〈출처: http://blog.naver.com/younice2004〉

• 네일 바디(조체) Nail Plate

손톱의 근원인 메트릭스로 만들어진 손톱 자체를 말한다. 세 겹의 층으로 되어 있는데, 손톱이 부러졌을 경우 쉽게 알 수 있다.

• 매트릭스(조모) Matrix

손톱을 육성하는 부분을 말한다. 손톱의 각질화 기능을 가지고 있으며 손톱 성장에 필요한 영양을 보급한다. 단, 이 부분이 강하게 눌려져 충격을 받으면 손상을 입게 되어 손톱 성장이 멈추거나 백색 점이 생기기도 한다.

• 네일 루트(조근) Nail Root

손톱의 근원이 되는 부분으로 피부 맨 밑에 숨겨진 조갑이 시작되는 부분이다.

• 네일 베드(조상) Nail Bed

조체의 밑부분의 손톱을 받치고 있는 표피의 일부로 조근의 일부다. 눈으로 볼 수는 없지만, 신진대사를 도와 조체에 수분을 공급하고 있다.

• 루눌라(반월) Lunula

손톱의 끝부분의 유배색의 반달 모양을 한 곳을 말한다. 조근에서 만들어져 채 가질화되지 않은 부분으로 수분을 많이 보유하고 있어 유백색으로 보이는 것이다. 형태나 크기는 개인마다 차이가 있으나 작다고 하여 건강한 손톱이 아닐 수는 없다.

• 큐티클(조상피) Cuticle

손톱 윤곽을 에워싸고 있는 부분이며, 손톱 케어를 할 때도 가장 정성이 들어가야 하는 곳이다. 건강한 큐티클은 적당한 수분을 함유하고 있으며 루눌라에 약간 걸쳐져 있어서 손톱 전체의 형태 내부를 보호한다.

• 후리 엣지(자유연) Free Edge

네일 베드로부터 길게 자라 손톱의 끝부분을 말한다. 파일로 끝부분을 갈아 손톱의 형태를 다듬기도 하며 기르기도 하지만, 인공적으로 만들어 길이를 조정하기도 한다.

• **네일 월(조벽) Nail Wal**

조체를 둘러싸고 있으며, 손톱 양면의 피부로 손톱을 보호한다.

② 조갑의 이상

대표적인 조갑의 이상으로는 조갑층상 분열증이 있는데, 이 현상은 조갑의 앞부분이 벗겨지는 현상으로써 조상으로부터 수분을 공급받지 못하여 수분함유량이 감소하는 현상이다.

여성들이 네일 에나멜이나 리무버의 잦은 사용에 의한 현상으로도 나타날 수 있다.

손톱 끝이 위로 젖혀지는 현상은 철분의 부족, 혈액순환 장애, 빈혈일 경우에 나타난다.

건강한 손톱은 단단하고 탄력이 있어야 하며, 매끄럽고 윤기가 나고 분홍색을 띠며 둥근 아치 모양의 반월이 있어야 한다.

2 피부미용의 개요

1) 피부미용실

(1) 피부관리실 및 도구류 위생

① 진열된 화장품 정돈과 진열장의 먼지를 제거한다.
② 화장실의 세면대와 변기의 소독, 젖은 수건은 매일 끓는 물에 소독 한 후 완전히 건조시킨다.
③ 샤워실의 바디 제품, 타월, 매트는 항상 청결하게 유지한다.
④ 화장솜, 해면, 면봉 등의 비품들은 1회용을 사용하는 것이 바람직하다.
⑤ 갈바닉 머신, 스킨 스크러버 등 기계사용 후 부속품은 세제를 푼 미온수로 세척 후 70% 알코올에 소독하고 자외선 소독기에 보관한다.
⑥ 고객이 사용하는 가운, 침구류의 청결을 유지한다.
⑦ 각종 보울, 팩붓, 스파츌라를 세척 후 자외선 소독기에 소독한다.

(2) 피부관리실 내부 환경

① 천장의 높이는 적어도 2.5~3m 정도는 되어야 한다.
② 바닥은 청소와 소독이 용이한 재질을 선택하고 물기가 있을 시 미끄럽지 않도록 한다.

③ 환기장치 및 공기청정기를 설치하며 쾌적한 환경이 되게 한다.
④ 전체적으로 부드럽고 밝은 톤을 유지하고 음악을 틀어서 편안한 분위기를 만든다.
⑤ 실내 분위기를 편안하고 안정된 느낌이 들도록 연출하고 휴식과 안정을 위해 간접 조명시설을 갖추어야 한다.
⑥ 냉·난방이 잘 갖추어 있어야 한다.
⑦ 피부미용실 내부의 소음을 흡수할 수 있도록 해야 한다.
⑧ 관리 전·후 친근한 상담을 위한 따뜻한 음료를 준비한다.
⑨ 아로마 램프로 향을 확산시켜 고객의 후각을 자극한다.

2) 관리 준비 및 피부관리사의 자세

(1) 피부관리사의 외모와 자세

① 관리사의 가운 색깔은 흰색이나 파스텔톤으로 단정하고 온화한 느낌을 주도록 한다.
② 귀걸이, 반지, 목걸이 등의 악세서리는 피하도록 한다.
③ 가벼운 메이크업으로 자신의 이미지를 연출한다.
④ 손톱은 짧게 깎고 머리는 흘러내리지 않도록 헤어핀으로 고정하여 정리 한다.
⑤ 실내화는 소리가 나지 않도록 하며, 목소리를 낮추고 상냥한 어조를 사용한다.
⑥ 동작이나 자세는 차분하고 침착하게 하며 행동은 민첩하고 절도 있게 보여야 한다.

⑦ 동료 직원과 협조적이며 서로 존중하여 높임말을 사용하도록 한다.

(2) 피부 관리 전 단계

① **고객 상담** : 피부 관리실에 방문한 목적을 이해하고 관리를 통해 기대하는 피부개선 정도를 확인하며, 개인의 객관적·주관적인 사항을 적당한 질문법을 선택하여 질문한 후 고객카드를 작성한다.

② **피부분석과 진단** : 피부를 정확하게 분석하여 진단하므로 효율적인 피부 관리 계획을 수립한다.

③ **고객카드 작성** : 문진에 의한 피부 분석 결과를 상세히 기록한다.

④ **피부관리 계획** : 피부의 문제를 파악하고 피부 유형에 맞는 제품과 관리 단계를 시행한다.

⑤ **정돈, 마무리 단계** : 정확한 관리와 관리의 연속성을 위해 관리 내용을 고객 카드에 기록한다.

⑥ 가정에서의 홈 케어 방법을 조언해준다.

(3) 고객을 위한 준비과정

① 고객 상담 후 탈의와 가운으로 갈아입는 것을 도와주고 소지품과 악세사리 등을 개인 물품함에 보관하도록 한다.

② 슬리퍼를 제공하고, 고객을 관리 장소로 모신다.

③ 고객이 관리용 침대 위에 누우면 긴장을 풀도록 하고, 헤어밴드로 머리카락이 나오지 않도록 정돈 한다.

④ 가슴에 크림이 묻지 않도록 타월로 감싼 후 이불을 덮어 준다.

⑤ 관리 전 고객 상담 카드를 충분히 숙지한 후 고객관리에 들어가며, 고객의 마음이 편안해지도록 분위기를 조성한다.

(4) 피부관리를 위한 준비

① 침대 및 주변 정리

- 관리용 침대와 의자를 준비한다.
- 침대 규격에 맞는 침대보를 씌우고, 깨끗한 큰 타월이나 1회용 위생 시트지를 깐다.
- 바디 관리나 데콜테 관리 중 오일 사용을 위해 비닐 덮개가 필요하다.
- 관리하는 동안 사용하는 위생적인 작은 수건을 침대 오른쪽에 둔다.
- 침대머리 부분에 터번을 준비한다.
- 침구류를 준비한다.
- 베개를 준비한다.

② 정리대 준비 : 모든 제품은 덜어서 사용하고 위생적으로 보관한다.

- 화장솜(Puff, Cotton Pad)
- **면봉**(Q-tips) : 여드름 제거나 부분 화장을 지울 때 사용
- 티슈(Tissue)
- 해면용 보울(Bowl)
- 해면 스펀지
- 헤어밴드(Hair Band)

- 스팀 타월, 냉 타월
- 소독용 솜을 넣어두는 통
- **팩 브러쉬**(Pack-Brush) : 팩 짜 도포 시 사용
- **팩 유리보울**(Pack Bowl) : 팩을 덜어서 쓸 때 사용
- 피부관리용 전문화장품
- **크고 작은 스파츌라**(Spatula) : 제품을 덜어서 쓸 때 사용
- 거즈(Gauze)
- **족집게**(Tweezer) : 눈썹정리 도구
- 눈썹 칼, 가위
- 뚜껑이 있는 휴지통
- **핀셋** : 화장솜을 위생적으로 잡을 때 사용

③ 기본기기

- **스티머** : 각질제거 시 보다 높은 효과를 위해서 사용
- **온장고 또는 타월 스팀기** : 온습포를 만들기 위해 사용
- **자외선 소독기** : 미용기구 등을 소독할 때 사용
- **피부측정기** : 정확한 피부분석을 위해 사용
- 확대경, 우드램프
- 갈바닉 기계, 아이오노스(Ionos)
- 적외선 등
- 제모기기

02 CHAPTER 피부유형별 특징 및 관리방법

1 일반 피부유형

피부의 유형은 피부의 색, 매끄러움과 거침 정도나 탄력성처럼 육안으로 보이는 요인들뿐만 아니라, 땀샘과 기름샘의 기능 감소와 증가에 따라서도 그 유형이 결정된다. 그리고 피부의 유형은 개인의 연령, 성별, 유전인자, 신체의 건강상태, 심리적 요인, 영양상태 등에 따라 다르며 계속해서 변화한다.

일반적으로 피부의 유형은 피지와 수분의 정도, 혈액순환 상태에 따라서 크게 건성, 중성, 지성, 복합성 피부, 민감성 피부로 분류된다.

만약, 피부를 적절히 관리하지 못하면 여드름피부, 기미피부, 노화피부 등 문제성 피부로 나타나게 된다.

한편 이상적인 피부는 기름샘과 땀샘의 정상적인 기능에 의하여 나타나는데, 일반적으로 다음과 같은 피부가 여기에 속한다.

① 표면이 매끄럽고 부드러운 피부
② 단단한 피부조직을 지닌 피부
③ 모공이 섬세한 피부
④ 피부색이 분홍빛(피부색이 좋은)인 피부
⑤ 잔주름이 없는 피부
⑥ 탄력성이 좋고 윤기있는 피부
⑦ 색소침착이나 여드름 등의 문제가 없는 청결하고 깨끗한 피부

아름다운 피부를 가꾸기 위해서는 균형 잡힌 식사, 적당한 운동, 생활환경의 쾌적함과 자외선으로부터의 피부 보호, 심리적 안정과 화장품의 올바른 사용, 유분과 수분의 적절한 공급과 같은 피부의 올바른 관리 등이 수반되어야 한다.

1) 건성 피부(Dry Skin)

(1) 건성 피부의 특징

지나친 태양노출과 대기오염, 바람 등 외부의 자극에서 오는 환경적 요인이나 경수의 사용, pH가 높은 비누의 사용, 수분의 불충분한 섭취, 극심한 다이어트, 편식, 화장품과 의약품, 잦은 면도 등 잘못된 생활습관에 의해서 피부는 건조해진다.

일반적으로 건성 피부는 피부결이 곱고 모공이 작아 외관상으로 좋아 보인다. 그러나 기름샘 자극호르몬의 분비가 부족하고 결과적으로 피지분비 기능

이 떨어지게 되며, 이에 따라 피부 표면은 항상 건조하고 윤기가 없게 된다.

수분과 유분의 부족현상은 세안 후 피부가 심하게 조이는 느낌과 함께 입 주위 등 부분적으로 각질이 일어나고 버짐이 생기기도 하며, 많이 움직이게 되는 눈가나 입 꼬리에 잔주름이 생기는 등의 현상이 나타나며 화장이 잘 들뜨게 된다.

특히, 나이가 들거나 겨울이 되면 건조함이 더욱 심해지고 저항력이 약해져 상처 나기가 쉽고 건선과 같은 피부질환이 나타나며, 다른 피부 타입보다 노화 현상이 빨리 나타난다.

이와 같은 현상이 나타날 때 관리가 소홀해지면 노화의 속도가 빨라지고 피부의 탄력이 줄어들면서 늘어짐이 빨리 진행된다.

(2) 손질법

① 피부의 활성화를 위해 피부에 충분한 기초 손질을 한다.
② 유분이 지나치게 많이 함유된 제품 사용은 피부의 건성화를 가속화 시킬 수 있다.
③ 알칼리성 비누를 사용한 지나친 세안은 삼가하고 미지근한 미온수를 사용하여 세안한다.
④ 잦은 사우나나 온탕에서 지나치게 오랜 시간을 보내는 것은 피한다.
⑤ 보습효과가 뛰어나고 비타민 A와 E가 함유된 영양 화장수, 에센스와 고보습 크림을 사용 한다.
⑥ 유연화장수는 무알코올의 자극이 없는 것을 사용하며 보습기능이 강화된 제품을 사용한다.

⑦ 수분공급과 유분공급을 하기 위해서 혈액순환과 신진대사가 이루어지도록 정기적으로 손을 이용한 매뉴얼 테크닉과 영양팩을 해줄 필요가 있다.
⑧ 건조로 인한 눈가나 입 주위에 주름 방지용 제품을 사용한다.
⑨ 실내의 온도와 습도를 적절히 조절하고 충분한 양의 물을 섭취한다.

(3) 건성 피부의 종류

① 수분 부족 건성 피부

피부 세포가 지닌 보습량의 부족으로 피부가 건조해진 상태를 말하며, 진피 결체조직의 수분함유량이 저하된 피부형으로 일명 탈수피부라고도 한다.

비타민 A의 결핍이 원인이 되며 외적인 요인으로는 뜨거운 목욕을 자주하여 수분을 손실했을 경우와 과도한 냉, 난방기에 피부가 노출되었을 때 수분 부족을 야기시킨다.

얼굴의 T존 부위에 있는 모공이 크며, 약간의 윤기가 흐르기 때문에 간혹 피부 장애가 유발된다.

수분 부족으로 인하여 피부가 예민해지며, 피부조직에 생기가 없고 노화상태가 뒤따르게 되며, 화장이 잘 받지 않고 진성주름 형성이 빨리 된다.

이런 유형의 피부를 관리할 때에는 피부에 수분을 공급하는 것을 주목적으로 해야 한다.

② 유분 부족 건성 피부

일반 건성 피부와 비슷하지만, 바람, 자외선 등 환경적인 외적요인이 주된 원인이다.

피부에 피지분비가 감소되므로 얼굴에 윤기가 없게 되며 거칠어지고 탄력이 없어지는 반면, 땀구멍과 모공은 섬세하다.

지방이 많이 함유된 크림류를 장기간 사용하면 피부 자체의 피지분비 배출량이 저하되어, 유분 부족의 건성 피부가 되기도 한다.

피부가 당겨지는 듯한 느낌이 있고 각질이 많아지며, 소양증이 있을 수 있으며 잔주름이 많아진다.

피부의 장애는 없으나 예민해져서 모세혈관이 확장되고 민감성 피부 증상을 나타낸다.

유분이 부족한 피부의 관리는 피부에 기름샘을 자극하여 피지분비 활성에 노력한다.

③ 유분과 수분 결핍의 건성 피부

피부에 수분공급 기능과 피지분비 기능이 결핍되는 현상이 동반하게 되며, 표피가 항상 수분 부족 상태를 나타낸다.

외부의 심한 냉·난방으로 건조해진 공기에 오래 머물면 피부의 수분 증발이 심해져서 피부의 균형이 깨지게 되고 피부가 늘 건조하고 거칠어 보인다.

피부결은 섬세하지만 윤기가 없으며, 예민한 증상을 보여 모든 외부 자극에 유의하여야 한다.

피지분비량이 많은 지성 피부나 여드름성 피부인 경우 피지분비 억제의 목적으로 심하게 관리할 경우 그 역반응으로써 유분과 수분이 동시에 결핍되는 현상이 나타나기도 한다.

2) 중성 피부(Nomal Skin, 정상 피부)

가장 이상적인 피부상태로서 피부의 생리기능 모두가 정상적인 활동을 하는 피부를 의미한다.

피부 표면의 입자가 섬세하고 표면이 매끄러우며 가볍게 윤기가 흐른다. 또한 피부의 탄력성이 좋고 혈액순환이 원활하며 피부가 촉촉하다.

세균에 대한 저항력도 있고 화장도 잘 받아 오랫동안 화장이 지속 된다. 피부결의 형태가 종횡으로 정밀하게 갖추어져 있으며, 계절이나 건강상태에 따라 약건성이나 약지성의 피부로 변한다.

(1) 특징

① 피부 보습상태가 적절하며, 기미나 주근깨 등의 침착된 피부 색소가 없고 잡티도 거의 없다.
② 피부가 부드럽고 매끄러우며, 약간 통통해 보이고 탄력이 있다.
③ 세안 후 당기거나 끈적이지 않는다.
④ 피지 분비상태가 정상적이고, 표피세포의 신진대사가 원활하다.
⑤ 피부조직이 약간 섬세해 보인다.
⑥ 각질층의 수분함유량이 10~20%로 정상이다.

(2) 손질법

① 피부 보호와 보습에 중점을 두어 현재의 피부상태를 유지하고 유분과 수분의 밸런스를 유지시킨다.

② 계절에 따라 알맞은 피부손질을 하도록 하며, 손을 이용한 매뉴얼 테크닉이나 팩의 횟수도 조절한다.

③ 충분한 수분을 섭취하고 균형잡힌 식생활을 한다. 비타민E, 콜라겐, 히아루론산 등의 보습성분이 많은 제품을 사용한다.

3) 지성 피부(Oily Skin)

지성 피부는 피지선과 한선의 활동이 활발하므로 피지분비가 과다하여 피부가 번들거리는 느낌이 드는 피부로 젊은 층에 많은 피부유형이다. 피부가 거칠고 모공은 넓어 보이며, 각질이 두꺼워져서 칙칙해 보이는 피부를 말한다.

지성 피부는 피지선과 한선의 기능 증가로 문제성 피부로 발전하기 쉽다.

피지선으로부터 분비되는 과다한 피지의 양이 모공을 막아 모공 속에 축적되어 면포나 여드름과 같은 피부 병변의 원인이 되기도 한다.

피지선의 크기와 그 활동 선은 나이와 개인의 호르몬 분비량과 밀접한 관계가 있는데, 사춘기에는 피지선이 크게 확대되어 피지분비량이 증가되는 시기이다.

그 밖에 피부 부위와 기온 등의 다양한 요인에 따라 달라진다.

(1) 특징

① 각질층의 두께가 두껍고 피부가 투명감이 부족하며 탁해 보인다.

② 피부가 거칠고 모공이 넓다.

③ T존 부위에 블랙헤드가 보이며, 일반적으로 여드름이 생기기 쉽다.

④ 피지선과 한선의 기능 증가로 문제성 피부로 발달하기 쉽다.
⑤ 모공에 피지가 쌓여 만져보면 오돌 토돌한 느낌이 들고 매끄럽지가 않다.
⑥ 햇빛에 의한 피부 색소침착 현상이 빨라진다.
⑦ 다른 피부타입에 비해 잔주름이 잘 나타나지 않고 피부 노화가 늦다.
⑧ 계절상 여름철에 많이 나타난다.

(2) 원인

① 유전적 체질
② 스트레스, 수면부족, 육체적 피로 등의 요인
③ 지방과 탄수화물의 과잉 섭취와 기호식품의 과다 섭취
④ 사춘기 때 테스토스테론(Testosterone)의 분비량 증가
⑤ 임신 및 생리주기의 프로게스테론(Progesterone) 증가
⑥ 위산과다와 변비의 내적 요인
⑦ 비타민 B2, B6의 결핍
⑧ 기온의 상승과 피지선 기능의 활동성 증가

(3) 관리방법

① 유분이 적은 화장품을 사용하고 진정, 수렴, 소염효과가 뛰어난 화장품을 사용한다.
② 따뜻한 물을 이용하여 피지를 제거하고 청결한 세안으로 세균번식을 막는다.
③ 주 1~2회 각질 제거를 통해 묵은 각질과 피지를 녹여준다.

④ 수분공급 마스크나 피지 흡착이 뛰어난 마스크를 이용해 혈액순환 증진 과 노폐물 배출을 촉진 시킨다.

⑤ 기호식품 섭취를 피하고 신선한 과일과 채소류를 섭취 한다.

4) 복합성 피부(Combination Skin)

피지의 분비량이 균형을 이루지 못하여 2가지 이상의 피부상태가 함께 존재하는 피부이다.

T존은 지성으로 피지가 많이 분비되어 모공이 크고 여드름이 동반되는 반면, 볼 부위와 눈 주위의 피부는 피지분비가 적고 보습 함유량이 적어 세안 후 건조하며 잔주름이 생긴다.

화장품의 성분에 민감한 반응을 보이므로 화장품을 선택할 때 유의해야 한다.

(1) 특징

① T존 부위에 피지분비가 많고 다른 부분은 건성화 되어 세안 후 눈가나 뺨 등의 부위가 심하게 당긴다.

② 피곤하거나 스트레스를 받을 때 여드름이 자주 발생한다.

③ T존 부위에 모공이 넓고 번들거리며 면포가 형성되기 쉽다.

④ 피부결과 피부조직이 일정하지 않아 피부 타입에 맞는 기초제품을 선택하기 어렵다.

⑤ 광대뼈 부분에 기미가 나타나는 경우가 많다.

⑥ 민감한 피부타입에 많고 화장품에 의해 여드름이 형성되기도 한다.

(2) 원인

① 피부상태에 맞지 않는 화장품 선택, 사용
② 계절이 바뀌는 환절기에 피부 균형을 잃게 되는 경우
③ 연령, 심한 온도차이, 신경과민, 과로 등의 요인
④ 중년 이후의 피부노화

(3) 관리방법

① T존 부위는 꼼꼼한 클렌징으로 정화하며, 주 1~2회 딥클렌징 한다.
② U존 부위는 순환 촉진과 보습 관리에 중점을 둔다.
③ T존 부분은 수렴 마스크를 이용하여 소염효과와 모공 확장을 막아준다.
④ 피지분비의 정상화와 유, 수분의 균형 유지를 주목적으로 한다.
⑤ 기초 화장품의 선택 시에 복합성 피부 타입을 고려하여 부위에 맞게 사용 한다.

2 문제성 피부유형

1) 여드름 피부(Acne Skin)

여드름 피부를 심상성 좌창이라고도 하며, 지성 피부에서 파생된 피부질환으로 비염증성 질환 또는 모피지선의 만성 염증성 질환이다.

여드름은 남성 호르몬의 영향을 받아 모낭 옆에 있는 피지선이 점차 커지면서 피지분비의 과다로 피지 덩어리가 생긴다.

이로 인하여 생긴 피지 덩어리가 모공 입구의 각질층이 두꺼워져 모낭 속에 갇혀 있다가 지저분한 피지덩어리를 좋아하는 박테리아들이 모여들어 염증으로 발전하게 되는 것이 여드름이다.

모낭 속은 습도나 온도 및 영양학적인 모든 조건이 세균이 생존하고 번식하는데 최상의 여건을 제공하고 있다.

여드름은 피지선이 부착된 기름샘과 모공에서 발생하는 피부질환이며, 유전적인 요인으로 인해 많이 발생하는 질병이다.

여드름은 성호르몬의 불균형이나 스트레스 등의 피지분비의 이상 작용으로 인해 발생되며, 사춘기 동안에 호르몬의 변화로 인해 피지선의 기능이 과도해지는 것과 관련하여 발생한다.

2) 여드름 병변

피부에 나타난 여드름들을 보면 다양한 형태들을 가지고 있는 것을 볼 수 있다.여드름의 병인은 피지분비의 증가, 모피지관의 과각화, 세균의 집락화, 염증의 발생으로 구분된다.

(1) 미세면포 : Micro-Comedones

(2) 폐쇄면포, 흰면포 : Closed Comedones(White Head)

(3) 개방면포, 검은면포 : Open Comedones(Black Head)

(4) 구진성 여드름 : Papules

(5) 농포성 여드름 : Pustules

(6) 결절성 여드름 : Nodule

(7) 낭포성 여드름 : Cyst

① 비염증성 여드름(Non Inflamed Acnes)

• 미세면포(Micro-Comedones)

면포(Comedo)는 여드름의 초기단계로 여드름 덩어리를 의미한다.

모공 안에서 과도하게 분비된 피지와 죽은 각질들, 퇴화된 털들이 뭉쳐진 상태를 말한다.

이렇게 뭉쳐진 덩어리는 처음에는 우리 눈에 보이지 않아 여드름의 씨앗의 형태로 확대경을 통해서 볼 수 있는 작은 크기에서 부터 시작 된다.

이 상태의 알갱이를 미세면포(Micro-Comedo)라고 한다.

• 폐쇄면포, 흰 면포(Closed Comedones, White Head)

미세면포가 점점 커지면 폐쇄면포(White Head Comedo)가 된다.

모공 안에 갇혀서 육안으로 보면 하얗게 돋아난 알갱이로 약간 돌출되어 보여, 이 부분을 짜면 하얀색의 여드름 덩어리가 나온다.

피지분비가 왕성한 사춘기 때 주로 뺨과 이마에 많이 나타나며, 피지분비량이 많아지면서 각질과 피지가 정체되어 생성된다. 이 폐쇄면포(White Head)가 점점 커져 모공을 열고 밖으로 빠져나오면 개방면포(Black Head Comedo)가 된다. 그러나 모공 안에 갇힌 채 점점 커지게 되면 염증성 여드름으로 진전된다.

• 개방면포, 검은 면포(Open Comedones, Black Head)

폐쇄면포(White Head)는 여드름 덩어리가 어느 정도 커지면서 내부의 압력을 받으며 모낭의 입구를 열고 밖으로 돌출되면 끝부분이 공기, 자외선과 접촉하여 끝이 검은 개방면포(Black Head)가 형성되는데 멜라닌 때문에 끝이 검게 보인다.

폐쇄면포(White Head)가 개방면포(Black Head)로 진전되면 염증으로까지 가지 않아 여드름의 치료는 매우 쉬워지나 한번 감염되면 악성 여드름으로 발전될 가능성이 높다.

② 염증성 여드름(Inflamed Acne)

• 구진성 여드름(Papules)

모공 안에 갇혀 있는 폐쇄면포(White Head) 여드름 덩어리가 모공 밖으로 돌출되지 못하고 그대로 있는 상태로, 손으로 만지거나 육안으로 구별할 수 있다.

박테리아의 작용에 의한 적색의 염증성 병변으로 통증을 동반한다.

구진상태의 여드름은 짜지 않아야 하며, 염증의 다음 단계인 고름이 형성될 때까지 기다려야 한다.

• 농포성 여드름(Pustules)

구진상태에서 이틀 정도 지나면 고름이 생기는데, 피부의 표면에 발생하는 것과 진피에서 발생하는 것의 두 가지 경우가 있다.

고름은 백혈구들의 시체로 표피 위를 육안으로 보면 여드름 한가운데 노르스름한 색을 띠고 있다.

이러한 고름을 제거하고 처치를 해주면 흉터를 남기지 않고 여드름을 마무리할 수 있다.

• 결절성 여드름(Nodules)

한번 자리잡은 이 여드름은 8주나 그 이상의 기간 동안 지속되는데, 약을 발라도 침투가 어렵기 때문에 전문의의 치료가 아니면 회복되기 매우 어렵다.

구진이 서로 엉켜서 큰 형태를 이룬 것으로 손으로 만지면 딱딱하게 잡혀지고, 그 부분이 빨갛게 부어 있으며 통증, 발열의 증상이 있다.

염증의 크기가 크고 깊숙이 자리잡고 있어 염증이 진행되는 오랜 시간 동안 깊은 상처를 남기는 경우가 많다.

이 부분은 보기 흉한 흉터가 남게 되고, 이 흉터는 상당한 깊이에서 생겨났기 때문에 웬만한 깊이의 딥-필링으로도 제거하기가 쉽지 않다.

• 낭종성 여드름(Cyst)

결절이 가라앉지 않고 더욱 심화되며 모낭속이 깊고 넓게 파열되어 염증이 일어나거나 더욱 악화되고 넓고 깊게 부풀어 오르면서 단단한 덩어리를 형성하게 되어 거대한 염증 반응이 발생한다.

종기처럼 커다랗게 된 이 낭포성 여드름에는 심한 화농으로 보통 크기가 1cm 이상이며 치료가 어렵고 여드름 흉터를 남긴다.

3) 여드름을 악화시키는 요인

(1) 스트레스

만성적인 스트레스는 성인기 여드름의 주요 원인이다. 지나친 스트레스는 뇌하수체(Pituitary Gland)를 자극하여 ACTH(Adrenocorticotropic hormone) 부신피질 호르몬을 유리시켜 코티졸을 분비하게 하여 피지의 양을 증가시키는데, 결과적으로 부신에서 보다 많은 호르몬들이 방출하게 된다.

특히, 여성들은 외부의 자극으로 스트레스를 받으면 코티졸이라는 호르몬이 왕성하게 분비한다.

모든 코티졸과 함께 테스토스테론이 부신에서 분비되기 때문에 스트레스를 받으면 피지(Sebum) 분비가 급격히 증가되어 여드름 발생의 원인이 된다.

(2) 접촉과 자극(Pressure&Frictions)

여드름이 나기 쉬운 피부는 물리적인 접촉에도 주의를 기울여야 한다. 남자들의 경우에는 잦은 면도에 피부가 자극받아 그 부위에 여드름이 발생하거나 악화되는 경우가 있으며, 직업에 따라 접촉이 많이 되는 피부에만 여드름이 발생하는 경우도 있다. 그리고 폐쇄면포를 손으로 자주 만지고 잡아 뜯는 경우가 흔히 있는데, 이 경우는 여드름이 더욱 악화된다.

(3) 열과 습도(Heat & Humidity)

열과 습도가 함께 높아 있으면 염증성 여드름은 더욱 악화될 수 있다.

열로 인해 혈액의 흐름이 많아지고, 이에 따라 염증 현상이 더욱 자극을 받을 수 있기 때문이다. 계절과 기후, 자외선에 의해 여드름이 유발될 수 있으므로 많은 주의가 요구 된다.

(4) 화학물질과 산업용 오일(Chemical Material & Industrial Oils)

다양한 종류의 오일 중 정유(Essential Oils)만이 피부에 항염 및 유익한 효능을 주며, 미네랄 오일, 베이비 오일, 합성 오일, 화학물질 및 알코올성 오일, 우지 및 각종 동물성 오일 등과 같은 대부분의 오일들은 대표적인 여드름 유발 성분으로 피부에 닿은 뒤 면포가 생겨 여드름이 되므로 주의하여야 한다.

(5) 음식(Diet)

인체에 혈당 함유량이 높아지면 인슐린의 생산이 방해를 받을 수 있기 때문에 인체 내의 호르몬 밸런스가 깨질 수 있고 이로 인해 여드름 발발의 가능성도 높아질 수 있다고 하여 최근에는 설탕 함유 식품이 여드름을 쉽게 유발한다고 한다.

과학적으로 아직 밝혀내고 있지는 않지만, 기름기가 많은 음식과 육류, 그리고 인스턴트 음식 등 식생활이 바뀌었을 때 여드름이 발생하는 경우가 생긴다고 한다.

4) 여드름 피부 관리법

(1) 여드름피부의 기본 관리법

① **세안** : 1일 2회 이상 따뜻한 물로 자극이 적은 여드름 전용 제품으로 깨끗하게 세안하고 물로 충분히 헹구어 주는데, 지나치게 자주 세안을 하는 것은 오히려 피부에 자극을 줄 수 있기 때문에 피하는 것이 좋다.

② **유, 수분 조절** : 클렌징 크림이나 영양 크림 등 유분 공급을 피하며 소염, 진정, 수렴 작용과 피지를 조절하는 성분이 함유된 제품을 사용한다.

③ **각질 제거** : 각질이 비정상적으로 되는 것을 막기 위해 여드름 치료 시 이중 세안 후 딥클렌징을 사용한다.

④ **항균작용** : 손과 사용하는 모든 기기를 소독한 후 여드름을 관리하고 항균

성분이 함유된 제품을 사용 한다.

⑤ **자외선 차단제** : 외출 시에는 반드시 자외선 차단제를 사용하며, 피부 알러지 부작용이 적은 파바 프리(PABA-Free)제품을 사용한다.

(2) 화장품 활성 성분

① 알파 하이드록시산(AHA, Alpha Hydroxy Acid)

- 각질세포와 각질세포 사이의 접착물질을 용해시켜 각질탈락을 촉진하는 작용을 한다.
- 사탕수수나 포도, 사과 등에서 추출한 과일 추출액으로서, 천연성분에서 얻으면서 영양공급과 더불어 여드름 치료효과를 얻을 수 있다.

② BHA 살리실산(Salicylic Acid)

- 피지를 용해하는 작용이 있어 모공 속에 있는 피지를 녹여 감소시키는 효과를 얻을 수 있다.
- 식물들에서 천연적으로 추출하기도 하며, 인공적으로 페놀에 이산화탄소를 가하여 추출하기도 한다.
- 방부제, 살균제 혹은 살균 및 소독제로 사용되기도 하며, 여드름을 신속히 개선할 수 있는 대표적인 여드름 필링제 및 스케일링제로 많이 애용되고 있다.

③ 티트리 오일(Tea Tree Oil)

- 매우 강력한 향의 에센셜 오일 성분으로 항균효능과 항진균 효능이 있어 여드름 치료에 많이 적용되고 있다.
- 염증, 습진, 기생충 감염, 건선 및 여러 상처 부위들 외에 방광염에도 사용되어왔다.
- 화상, 베인 상처, 벌레 물린데, 그리고 여러 피부질환들에 오래 전부터 사용되어왔다.

④ 캄퍼(Camphor)

- 캄퍼 나무의 잔가지나 잎에서 추출한 오일이며, 증류법을 이용해 추출해 낸다.
- 방부효능과 항염작용으로 여드름 피부에 많이 사용되고 피부에 국소적으로 사용하며 차가운 냉동효과를 줄 수 있다. 강한 향을 이용해 향신료나 방향제로도 사용된다.

⑤ 에센셜 오일(Essential Oils)

- 상쾌한 향과 청정한 느낌을 주며, 통증과 가려움 등을 완화시킨다.
- 놀라운 진정효과, 항염효과를 가지고 있으며 여드름 및 타박상, 홍반 등 예민성 피부에도 활용할 수 있다.
- 여드름 피부에 사용되는 에센셜 오일 : 카모마일, 오렌지 플라워, 멘톨, 밤민트, 아쥴렌, 위치하젤 등

⑥ 알로에 베라(Aloe Vera)

- 알로에 식물의 잎에서 짜서 얻어낸다.
- 알로에는 알로인, 안트라퀴논, 당단백질, 미량 원소, 유기산, 다당류 등 다양한 성분을 함유하고 있다.
- 국소 사용 시 급성 염증과 가려움증을 완화시키고 통증도 감소시키며, 상처치유 효과도 있다고 연구되었다. 수분 함유량이 많은 젤 형상으로 되어 있어, 지성이면서 염증이 있는 여드름 피부에 많이 사용되며 피부 외상, 찰과상, 벌레 물린데 등에 사용되고 정맥류나 지혈방지제로도 사용한다.

⑦ 비사보롤(Bisabolol)

- 카모마일이나 서양 톱풀에서 추출한다.
- 피부에 항염증, 진정작용을 한다.
- 붉음증을 가라 앉게 해주고 가벼운 수렴에 효과적이다.
- 일광화상에 의한 피부염 치유에 효과적이다.

5) 기미·과색소 피부

(1) 멜라닌의 정의

우리 인체의 피부색을 결정하는 것은 멜라닌(Melanin)이라는 색소이다.
그리스어인 ‘Melanos'라는 어원에서 왔는데, Black, 즉 검은색이라는 뜻으로 매우 복잡한 구조를 가진 유기색소들로 아미노산들에서 형성되어 합성된 단백질 물질들이다.

멜라닌 색소의 원래의 역할은 피부를 보호하기 위한 것으로 자외선을 흡수하여 피부 내부의 세포나 조직의 손상을 방지하는 피부 자체가 가지고 있는 방어기전 중의 하나이다.

피부가 자외선을 받게 되면 멜라닌 색소로 인해 피부색이 일시적으로 검어지게 되나 주기적인 각질 탈락으로 일정시간이 지나면서 다시 원래의 피부색으로 돌아오게 된다.

그러나 여러 가지 요인으로 인해 신진대사가 원활하게 이뤄지지 않게 되어 피부에 병적인 결과를 초래하거나 기미 및 노화반점의 미용상의 큰 문제가 되고 있다.

(2) 멜라닌 색소 형성 과정

멜라닌 색소는 멜라닌 세포(Melanocyte)라는 색소 세포에서 만들어진다.

멜라닌 세포에서 생산된 멜라닌은 멜라닌 소체(Melanosome)의 형태로 주변의 각질 형성세포들에게 전달되는데, 멜라닌 세포의 수지상의 돌기를 통해 주변 세포로 쉽게 이동해 간다.

멜라닌 색소 그 자체는 고분자 생물질로써 수많은 작은 단위들로 형성된 하나의 커다란 복합 분자로 그 기본 단위는 티로신(Trosine)이라는 필수 아미노산이다.

티로신은 티로시나제(Tyrosi-nase)라는 효소에 의해 활성화되는데, 이 효소는 티로신을 DOPA(3, 4 Dihydroxypheny-lalanine)로 전환시킨다.

DOPA가 산화되면서 도파퀴논(Dopaquinone)으로 전환되며, 두 가지 타입의 멜라닌 색소로서 진성 멜라닌(Eumelanin)과 갈색 멜라닌(Pheomelanin)을 형성하는 과정을 시작한다.

도파퀴논(Dopaquinone)에서 몇 가지 단계를 거쳐 흑갈색의 색소인 진성 멜라닌이 만들어지고 갈색 멜라닌 역시 도파퀴논에서 시작하여 몇 단계를 거쳐 붉으스름한 노란색을 띄게 된다.

(3) 색소침착에 영향을 주는 요인

① 임신과 피임약

임신과 피임약은 피부의 색소 변화에 일시적인 영향을 줄 수 있는데, 경구피임약 속에 호르몬의 영향으로 멜라닌 색소를 만드는 멜라닌 세포를 자극하여 색소침착 현상이 발생하는 것이다.

임신을 하면 여성호르몬인 에스트로겐의 증가로 가슴의 유두 부분과 복부의 중심선의 색깔이 진해지며, 임신 4~5개월부터 얼굴의 눈 밑에도 거무스름하게 색소가 진해지는 것을 볼 수 있다.

피임약 복용의 경우에는 주로 얼굴에서 과색소 현상이 나타난다.

남성에게서도 색소의 변화가 일어나는 시기가 있는데, 사춘기 때 남학생들의 피부색이 좀 더 검어지는 것을 볼 수 있다.

물론 여성호르몬이 색소 증가를 가져오기는 하지만, 남성호르몬(Androgens)이 색소 증가 작용에 있어서는 그 자체가 더욱 강력하다고 하기 때문에, 사춘기 때 이러한 색소 변화가 일찍 나타나고, 여성의 경우에는 임신하여 호르몬의 변화를 겪을 때 색소 증가 현상이 발현되어 출산과 함께 호전된다.

② 햇빛

멜라닌 세포는 여름이나 햇빛이 강한 봄에 햇빛에 지나치게 노출된 부위에 진해지며, 멜라닌 세포가 강한 빛에 노출 시 세포의 수가 증가하게 되고 이에 멜라닌 소체들이 증가하여 과색소 침착현상을 유발한다.

강한 햇빛에 다량 노출 시 염증이 생기게 되고 염증이 치유되면서 색소가 침착 되기도 한다.

(4) 색소 이상 증세

① 주근깨(Freckies)

지름 1~3mm 정도 되는 크기의 갈색 반점으로 색소가 몰려 있고, 경계선이 뚜렷하다.

어린 시절에 가장 많이 나타났다가 사춘기 전후에 가장 심해지며, 어른이 되면서 많이 감소한다.

유전적인 요인에 의해 발현되나 햇빛에 의해 영향을 받아서 강한 자외선에 노출되는 경우 더욱 진해진다.

그러므로 자외선에 영향을 받는 여름에는 좀 더 진해졌다가 겨울이 되면 약간 연해진다.

주근깨는 햇빛이 노출되는 부위인 얼굴, 손등, 팔에 작은 갈색의 반점이 불규칙적으로 나타나며 얼굴에서도 특히 코, 뺨, 눈 밑에 나타난다.

자외선 UVA영역의 영향을 받아 진해지는 것으로 알려져 있는데, UVA영역의 자외선은 창유리를 뚫고 실내까지 들어오기 때문에 실내에서만 있는 경우에도 주근깨의 색이 진해질 수 있다.

② 기미(Melasma)

기미는 후천적으로 피부에 멜라닌 색소가 과다하게 침착되는 현상으로 다양한 크기의 갈색 색소침착반이 태양광선 노출 부위, 특히 얼굴에 발생하는 과색소침착 질환이다.

주로 햇빛노출이 많은 뺨, 이마, 관자놀이, 눈이나 코 밑에 생기며 30~40대 중년 여성에게 발생한다.

그리고 임신 중 또는 폐경기에도 흔히 발생하는데, 출산 후에는 보통 서서히 소실되나 그대로 지속되기도 한다.

또한 경구 피임약을 복용하는 경우에 나타나는 예도 있으며, 그 외 난소의 종양 등이 있을 때나 다른 내분비질환에서도 발생한다.

에스트로겐은 피부색소 형성세포인 멜라노사이트를 자극하고 황체호르몬인 프로게스테론은 피부 색소를 주위 피부로 전해주는 역할을 하므로 기미를 형성한다.

③ 염증이나 자극 후 색소침착

피부에 염증 반응이 일어났을 때나 혹은 찰과상을 입었을 때처럼 피부 부위가 심하게 자극을 받았을 경우와 상처 부위가 가라앉고 난 다음에 보면 연한 갈색 혹은 흑갈색으로 색소가 침착되는 것을 볼 수 있는데, 이러한 현상을 염증 후 색소침착이라고 한다.

또한 색소침착이 쉽게 올 수 있는 환자가 박피치료를 받은 경우 예상치 못하게 흑갈색의 색소침착을 얻는 경우들도 있다.

④ 노인성 흑자(Senile Lentigo)

60세 이상 노인들에게서 나타나는 과색소 현상으로 주로 얼굴과 손등에 많이 나타난다.

주근깨보다는 부위가 넓으며 기미보다는 색소밀집 현상이 뚜렷하다.

이러한 반점들은 자외선에 의한 피부손상이 오랫동안 진행되어 오면서 피부의 손상 및 노화과정 중에 발생되는 것으로 미리 햇빛 차단에 주의를 기울이는 것이 중요하다.

⑤ 화장품에 의한 과색소

일반 화장품에 의해 이러한 과색소 현상이 생기는데, 자신의 피부에 맞지 않는 화장품을 사용했을 경우 또는 화장품에 함유된 성분들 중에 향료라든지 다른 화학성분들이 자외선과 반응하여 피부에 발생되는 것으로 알려져 있다.

⑥ 흑색종

얼굴이나 신체의 어떤 부분에서 멜라닌 세포가 악성으로 변형되어 생긴 악성 피부암이다.

반점처럼 나타나는데 색깔이 검거나 혹은 검붉거나 검푸른색을 띠고 있다.

피부에 생긴 반점의 지름이 6mm 이상이고, 모양이 대칭을 이루지 않는 원형이나 타원형이다.

반점의 가장자리 경계선이 뚜렷하지 않거나 혹은 불규칙한 톱니 모양을 하고 있으며, 주변 피부색과는 달리 갈색의 음영을 띠거나 혹은 검붉거나 검푸르거나 검회색을 띠고 있다.

(5) 관리방법

① 관리법

- 자외선 차단제를 철저히 사용하고 미백제품을 사계절 꾸준히 사용하는 것이 좋다.
- 자외선 영역의 광선들이 멜라닌 생성을 촉진하기 때문에 UVA와 UVB를 동시에 차단해 줄 수 있는 자외선 차단제를 사용해야 한다.
- 세포 재생 촉진을 위해서 주기적인 각질제거와 재생용 마스크를 사용한다.

② 성분

• 아젤릭산

천연적으로 발생하는 곰팡이에서 추출되며 티로시나제를 억제하는 작용이 어느 정도 있다고 밝혀졌다.

• 코직산

곰팡이류의 신진대사 부산물인 코직산은 피부 색소인 멜라닌의 생합성 과정에서 필수 효소인 티로시나아제의 카탈라아제 활동을 억제한다.

코직산은 1~4% 가량의 농축액으로 사용되며, 피부를 미백시키는 젤로써 효과적이기는 하지만 피부를 예민하게 만들고, 자극으로 인한 접촉성 피부염을 유발하기도 한다.

코직산은 멜라닌 세포들의 멜라닌 양을 감소시키고, 그 세포의 수지상 돌기

부분이 사라지기 때문에 이 돌기부분을 통하여 주변 세포로 멜라닌들이 퍼져 나가는 것을 차단하는 작용을 한다.

• 상백피 추출물

뽕나무껍질에서 추출하며 코직산의 함유량이 많아 미백효과를 줄 수 있는 대표적인 식물로 알려져 있고 항균효과와 항산화작용도 한다.

식물에 천연적으로 미백성분이 함유된 경우에는 피부의 기능을 도와주고 촉진시켜주는 다른 식물성 성분들이 같이 함유되어 있어 미백 성분 한 가지만 사용하는 경우보다 더욱 긍정적인 효과를 얻을 수 있다.

• 월귤나무 추출물

월귤나무 추출물에는 높은 농도의 알부틴이 함유되어 있다고 알려져 있다. 알부티노시드라는 효소성분을 함유하고 있는데, 이 효소가 피부로 흡수되면 알부틴을 방출하며, 이들이 하이드로퀴논(HQ)과 유사한 화학구조를 가지고 있어서 티로시나제의 작용을 억제한다.

• 비타민 C

비타민 C는 과일들과 푸른잎의 채소들에서 발견될 수 있으며, 다양한 종류들의 국소 사용제들이 비타민 C를 함유하고 있지만, 이 제품들 대부분이 안정성과 유용성에서 문제가 되고 있다.

비타민 C를 국소적으로 사용하기 위해서는 즉시로 사용할 수 있는 양만큼만 철분이 제거된 정제수에 녹여, 갈바닉 전극을 이용해 피부에 안전하게 비타민 C를 깊이 침투시킬 수 있다.

비타민 C의 순수한 형태를 그대로 사용하기 위해서는 파우더 형태로 제조하여 빛과 공기로부터 차단되게 보관해야 한다.

• 콩(Soy)

두유는 미백(탈색)효과 이외에도 이소플라본(Isoflavones)을 함유하고 있어, 항산화작용과 더불어 암예방 효과도 있다는 것이 발견되고 있다.

• 감마-오리지놀

쌀겨에서 추출한 성분으로 혈액순환을 촉진시키고 피부의 대사를 촉진시킨다.

미백작용이 탁월하며 약간의 자외선 차단효과를 볼 수 있다.

6) 예민성 피부

건강했던 피부가 예민 피부로 바뀌는 가장 큰 이유는 피부의 보호막 역할을 하는 각질층이 약해져서 외부자극에 저항력이 떨어져 역할과 기능을 하지 못하기 때문이다.

건강한 피부의 경우에는 각질층이 14~20여 층으로 구성되어 피부를 보호해 주고 있는데 유, 수분의 부족으로 각질층들이 얇아지거나 군데군데 틈이 생기게 되면 외부의 자극물질들이 피부 속으로 쉽게 들어오게 되면서 자극물질로부터 피부보호 기능이 저하된다.

또한 백혈구의 활동이 활발해지게 되며 피부는 붉어지고, 따갑고, 발진이 돋으면서 염증으로 진행되기도 한다.

스테로이드 계통의 약물은 그 효과가 빠르고 좋은 반면 피부의 각질층을 녹여내는 작용을 하여 피부의 보호막을 약화시켜 피부를 더욱 예민하게 만들어 트러블을 만성적으로 발생하게 하는 작용이 있다.

예민한 피부의 각질층은 각질 세포들을 잘 붙잡고 있어야 할 지방 성분들이 녹아 있거나 피부 분비물의 부족 현상이나 이상 현상으로 인하여 각질 탈락주기가 정상 피부에 비해 빨라져 각질 세포들이 쉽게 떨어져 나가게 된다.

피지분비량이 고르지 못한 복합성 피부 상태가 많으며, 기온차가 심한 경우 피부가 붉어지고 쉽게 소양증이 생긴다.

(1) 예민 피부의 종류

① 아토피성 피부

아토피(Atopy)란 용어는 '이상한' 또는 '부적절한' 이란 뜻을 가지고 있다.

피부가 홍조를 띠고 심한 소양증을 일으키는 상태를 말하며, 어린 유아기 아토피성 피부염을 일반적으로 태열이라고도 한다.

아토피 피부는 환경적인 변화에 의해서도 많이 좌우된다.

피부가 과도하게 민감한 상태에 있거나 알레르기성 체질인 경우에 많이 발생하는데 환자 자신이나 가족에 동반되는 경우가 많다.

아토피 증세는 알레르기 질환과 관련되어 알레르기 천식과 알레르기 비염이 동반되어 나타나기도 한다.

아토피 질환은 습도가 큰 영향을 주는데, 날씨가 건조하여 공기 중의 습도가 떨어지면 피부의 수분 보유력도 떨어져 피부가 몹시 건조해진다.

한 겨울에 아토피성 환자가 급증하는 또 다른 이유는 실내와 실외의 온도 차이가 심하기 때문이다.

춥고 건조한 외부 환경과 따뜻하지만 수분을 많이 빼앗아가는 난방기들이 작동하는 내부 환경에서 피부는 극심한 건조함과 온도변화에 많은 자극을 받게 된다.

아토피는 유전적인 요인을 가진 사람이 환경적인 요인에 의해 발현되고 악화되는 질환이므로 환경적인 요인을 잘 맞춰주면, 설사 선천적으로 민감한 피부를 가지고 있다 할지라도 치료에 상당한 개선을 가져올 수 있다.

증상은 피부 건조를 시작으로 습진, 심한 가려움증 등으로 나타나며 재발이 잘 되어 만성 피부염이 될 수 있다.

② 알레르기

피부막이 손상되지 않게 관리를 하는 것이 매우 중요하며, 환경적인 악화요인을 고려하여 온도 및 습도를 조절하는 것도 필수요건이다.

실내의 습도를 항상 50% 이상으로 맞추고 온도도 대략 18~20℃ 정도로 맞춰주면 많은 치료효과를 볼 수 있다.

피부건조를 방지하기 위하여 약산성 세안제 사용으로 비누제제 알칼리 계면활성제에 의한 피부보호막을 보호한다.

더불어 천연보습인자(NMF), 세라마이드(ceramide) 성분이 함유된 보습 크림을 사용하여 피부의 보호 작용을 상승시키는 것이 중요하다.

이외에도 극심한 건조함에 시달렸던 피부에 수분을 공급시켜주고, 알레르기를 일으키는 물질과 자성 물질의 노출을 피한다.

면소재의 의복을 착용하도록 하며 더운 날에는 피부를 시원하게 하도록 한다.

③ 접촉 피부염

• 알레르기성 접촉 피부염

어떤 특정 부위에만 반응을 일으키는 경우, 특히 향료, 색소, 방부제, 화장품들, 염색성분, 금속성분, 고무성분, 식물체 등 다양한 요인이 알레르기를 유발할 수 있는 항원물질이다.

알레르기는 외부 이물질에 대한 인체의 방어시스템의 반응이며, 알레르기를 유발하는 원인물질을 항원(Allergen)이라고 한다.

이 원인물질은 독성과는 관계가 없으며, 소수의 특정적인 사람들에게만 이상 반응인 알레르기를 일으킨다.

알레르기성 접촉 피부염의 증세

- 접촉한 부위에 홍빈이 생기고, 수포가 생기며, 진물이 흘러나온다.
- 간혈적으로 피부가 건조해 있고, 각질이 드문드문 일어나 있다.
- 눈과 얼굴이 붓고, 화상 입은 것 같은 통증과 가려움을 느낀다.
- 햇빛에 민감 증세를 보인다.
- 트러블 부위가 까맣게 착색이 되고, 딱딱해진다.

(2) 피부 증상들

① 모세혈관 확장, 만성혈관 확장증

피부의 모세혈관이 파열되어 있거나 늘어져서 확장되어 있는 상태를 말한다. 미세한 혈관들이 피부에 도드라져 보이고, 이완된 혈관들이 서로 엉켜있으며, 선홍색 혈관들이 피부 표면에 나와 있다. 주로 광대뼈 부분, 뺨 부분, 코 주변 부분, 턱 부분 등 얼굴 전체에 고루 나타난다.

② 주사

혈관확장 증세와 뾰루지를 같이 가지고 있는 경우이고, 피지선들의 변화에 의해 악화되는데 지루성 증세와 염증성 여드름을 함께 동반할 수 있다.

남성의 경우보다 여성들이 더 심한 증세를 가지고 있고, 폐경기를 전후로 한 나이 든 여성에게서도 많이 발생되고 있다.

피부가 좀 더 두텁고, 혈액정체로 인해 붉은색이나 적포도주 색상이 얼굴에 자리잡고 있다.

③ 지루성 피부염

각질층이 정상보다 많은 양이 하얗게 떨어지는 피부의 만성 염증 반응으로 두피, 얼굴 피부, 앞가슴 부위, 겨드랑이 등에 발병하는 피부질환이다.

눈꺼풀 부분에 쌀겨 모양의 인성이 생기고, 심한 경우 안검염과 결막의 풍혈이 발생한다.

입술에는 붉은 인설과 균열이 동반된 박탈성 구순염이 나타난다.

피지의 과다분비와 가족력이 원인이며, 정서적 긴장과 지방이 풍부한 음식의 섭취로 질환이 악화된다.

03 CHAPTER

피부 국가시험대비 실기 테크닉

1 국가기술자격 미용사(피부) 실기시험 안내

1) 실기시험 적용기간 : 2022.7.1. ~ 2026.12.31

2) 직무내용

고객의 상담과 피부분석을 통해 안정감 있고 위생적인 환경에서 얼굴, 신체 부위별 피부를 미용기기와 화장품을 이용하여 서비스를 제공하는 직무이다.

3) 수행준거

① 피부미용 실무를 위한 준비 및 위생사항 점검을 수행할 수 있다.
② 피부의 타입에 따른 클렌징 및 딥클렌징을 할 수 있다.
③ 피부의 타입별 분석표를 작성할 수 있다.
④ 눈썹정리 및 왁싱 작업을 수행할 수 있다.
⑤ 손을 이용한 얼굴 및 신체 각 부위(팔, 다리 등)관리를 수행할 수 있다.

4) 시험시간 : 2시간 15분 정도

① 1과제 : 1시간 25분(준비작업시간 및 위생 점검시간 제외)

작업순서	시간
관리계획차트	10분
클렌징	15분
눈썹수정	5분
딥클렌징	10분
손을 이용한 관리	15분
팩바르기	10분
마스크 및 마무리	20분

② 2과제 : 35분(준비작업시간 제외)

작업순서	시간
팔(전체)	10분
다리(전체)	15분
제모	10분

③ 3과제 : 15분(준비작업시간 제외)

작업순서	시간
림프를 이용한 피부관리	15분

5) 수험자 유의사항

① 수험자는 시험을 위한 위생복을 착용하고, 마스크와 양말, 실내화 등을 착용하여야한다. 위생복으로 상의는 흰색 반팔 가운, 하의는 흰색 긴바지, 양말과 마스크, 실내화도 흰색으로 통일한다. 복장 등에 소속이나 암시하는 표시가 없어야 한다.

② 눈에 쉽게 띄어 표식이 될 수 있는 액서서리의 착용을 금지한다.

③ 눈썹, 아이섀도우, 마스카라, 아이라인, 볼화장, 입술화장이 되어 있어야 한다.

▲ 모델사전 메이크업의 예시 〈출처: 기술자격출제실〉

④ 수험자는 시험에 필요한 습포를 시험 시작 전 미리 준비하여 비닐팩 또는 지퍼팩에 넣도록 한다. 온습포용은 6장이고 온장고에 비번호 기재 후 보관하도록 하며, 냉습포용 3장은 비닐팩에 넣어 왜건 2단에 두고 사용한다.

⑤ 관리 시 사용되는 해면과 코튼은 반드시 새것을 사용하고 시험 시작 전 사용하기 적합한 상태로 해면은 물에 적셔서 준비해두며 코튼도 정제수 적신 솜과 알코올 솜을 따로 분리하여 준비한다.

⑥ 모델의 관리 대상부위를 제외한 나머지 부위는 수건으로 노출되지 않도록 덮어둔다.

⑦ 시험 시 사용할 화장품은 팩과 딥클렌징을 제외하고 모든 피부타입에 사용해도 괜찮은 타입을 지참하여야 한다.

⑧ 수험자가 위생복을 입지 않은 경우, 모델의 가운을 지참하지 않은 경우,

사용할 화장품을 덜어서 온 경우는 시험 대상에서 제외된다.

⑨ 시험 전 과정을 응시하지 않거나 부정한 방법으로 시험에 응하는 경우, 타수험자의 시험을 방해하는 경우, 무단으로 모델을 수험자간 교환하는 경우, 기타 국가자격증시험 규정에 위배되는 부정행위 등을 하는 경우는 득점과 관계없이 채점대상에서 제외된다.

⑩ 수험자는 시험 중에 필요한 습포나 왁스 등을 가져오거나 관리상 필요한 이동을 제외하고 시험도중 시험실을 무단으로 이탈할 수 없다.

⑪ 시험 시간 내에 제시된 작업을 끝내야 하며 시간을 초과하거나 미완성 시 해당 세부작업은 0점으로 처리된다.

⑫ 관리 범위 중 일부를 하지 않거나 범위를 벗어나는 경우, 작업순서를 지키지 않는 경우, 눈썹을 사전에 모두 정리해서 오는 경우 등은 감점의 대상이 된다.

⑬ 시험 시 질문이 있는 경우나 문제가 발생된 경우 손을 들어 감독위원이 올 때까지 기다린다.

2 1과제 - 얼굴관리

1) 관리계획표 작성 시 유의사항

① 관리계획표 작성시간은 10분이나 여유를 두고 9분 내지 9분 30초에 맞춰 끝내도록 한다.

② 관리계획표 작성 시 검정 또는 청색 볼펜을 사용하며 연필이나 샤프 등 쉽게 지워질 수 있는 도구는 사용하지 않는다. 수정 시 볼펜 수정액을 사용하지 못하며 틀린 부분에 두 줄을 긋고 적도록 한다.

③ 시험 당일 날 제시된 피부타입을 분석하고 그에 맞추어 시험장에서의 피부관리를 기준으로 차트를 작성한다.

④ 체크하는 부분에서는 가장 적합한 한 가지만 표시하도록 한다.

⑤ 고객 관리계획에서 주단위의 관리는 향후 관리 계획을 작성하며 마스크에 대한 사항은 제외하며, 마무리에 대한 사항은 적도록 한다.

⑥ 자가관리 조언(홈케어)에서는 가정에서의 제품 사용을 위주로 간단·명료하게 작성한다.

2) 피부유형별 예제

(1) 지성피부에서 나올만한 예제

① 모공이 크다. 모공이 넓다. 모공이 보인다. 모공이 넓고 불규칙하다.
② 피지가 많이 분비된다.
③ 피부색이 칙칙하다.
④ 번들거림이 심하고 각질이 두껍다.
⑤ 세안후 당김은 없고 끈적임이 있을 수 있다.
⑥ 화장이 잘 지워진다.
⑦ 색소침착이 빠르다.
⑧ 소구(모공)는 깊고 소릉(땀구멍과 땀구멍사이)이 크고 불규칙하다.
⑨ 피부결이 거칠고 피부두께가 두껍다.
⑩ 과각질화 현상이 있어 피부가 두껍다.
⑪ 깊은 주름이 있고 피부가 두껍고 각질이 많으며 유분이 많고 번들 거린다.
⑫ 피부표면의 번들거림이 있고 피부가 거칠다.
⑬ 모공이 보이며 피부표면이 귤껍질 같아 보인다.

(2) 건성피부에서 나올만한 예제

① 정상피부 같아 보이나 피부결이 섬세해 보인다.
② 피부가 윤기가 없으며 푸석푸석하고 순환이 안된다.
③ 피부결이 곱고 피부 두께가 얇다.

④ 화장이 잘 안받고 들떠 보인다.

⑤ 표피가 건조하고 민감하다.

⑥ 각질이 쉽게 생긴다.

⑦ 피부가 거칠고 늘어지고 건조하다.

⑧ 피부가 건조하고 당긴다.

⑨ 눈가에 주름이 있고 모공이 작다.

⑩ 소구(모공)과 소릉(땀구멍과 땀구멍사이)의 높이차가 거의 없으며 선명하지 않다.

⑪ 피부트러블이 잘생기며 예민해지기가 쉽다.

⑫ 외관상 모공이 작고 피부결이 섬세해 보이며 잔주름이 잘 생긴다.

⑬ 볼 부위가 트고 갈라져 있고 건조하다.

(3) 정상 · 중성피부에서 나올만한 예제

① 피지 분비가 적당하다.

② 피부결이 섬세하고 곱고 부드럽다.

③ 유·수분의 밸런스가 좋다.

④ 혈액 순환이 좋아 피부색이 맑다.

⑤ 세안 후 당기거나 번들거림이 별로 없다.

⑥ 주름이나 기미 주근깨 잡티나 색소침착이 없다.

⑦ 피부트러블이 잘 일어나지 않는다.

⑧ 수분이 적당하고 탄력이 좋다.

⑨ 모공크기가 적당하고 촘촘하며 눈에 잘 안 보인다.

⑩ 피부의 수분함량이 12% 정도이며 촉촉하다.

⑪ 피부에 윤기가 나고 주름이나 색소가 없다.
⑫ 화장이 잘 지워지지 않고 번들거리지 않는다.

3) 클렌징(Cleansing)

(1) 시험 요구사항

① 포인트 메이크업(눈, 눈썹, 입술)지우기와 관리범위를 모든 피부용 클렌징제품을 사용하여 클렌징하고 피부를 정돈 한다.
② 클렌징 작업시간은 15분 주어지며 총 작업시간의 90%를 유지하여야 한다.
③ 포인트 메이크업 클렌징을 6분이나 6분 30초 정도, 얼굴 클렌징은 도포와 동작을 합하여 4분이나 3분 30초정도로 진행하며 뒷마무리는 5분정도로 시간을 배분 한다.

(2) 포인트 메이크업 클렌징

① 시험시작과 동시에 알코올 솜으로 양손을 소독한다.
② 눈썹과 눈, 입술화장을 포인트 메이크업 리무버로 화장솜과 면봉을 적시고 눈, 입술 부위에 적신 리무버 솜을 올려 놓는다.
③ 얹어 놓은 화장솜을 이용해 눈과 눈썹 화장을 지운다. 화장솜 제거시 텐션을 주어 피부의 처짐을 방지하도록 한다.
④ 리무버가 묻은 화장솜을 속눈썹 아래에 놓고 면봉을 사용하여 마스카라와 아이라인을 제거한다. 마스카라는 면봉을 돌려가며 눈썹모의 방향으

로 지워주고 아이라인은 눈앞에서 눈꼬리 뒤로 지워준다.

⑤ 입술 위에 올려놓은 화장솜을 지긋이 누르며 중앙으로 모아 올려준다.

⑥ 중지에 리무버 솜을 끼워 윗입술은 위에서 아랫방향으로 아랫입술은 아래에서 윗방향으로 립스틱을 지워준다.

⑦ 입술 구각과 주름사이사이에 남아 있는 잔여물을 면봉을 사용하여 닦아준다.

(3) 얼굴 클렌징

① 클렌징 로션을 적당량정도 유리볼에 덜어내어 관리부위에 도포한다.

② 클렌징 로션이 관리부위에 뭉쳐져 있지 않도록 주의한다.

③ 클렌징의 방향은 테콜테(가슴 윗부분)부터 목, 턱, 볼부위, 코, 이마까지 올라온 후 눈주위(안륜근)를 돌아 볼을 타고 내려가 동작을 마무리한다.

④ 클렌징 동작은 밀착감을 주어 가볍게 시행하며, 2분 30초나 3분정도 유지하도록 한다.

(4) 마무리

① 클렌징 후 티슈를 사용하여 유분기를 제거한다.

② 물을 적당히 적신 해면을 사용하여 잔여물을 닦아낸다.

③ 해면 사용 시 깨끗한 면을 돌려가며 사용한다.

④ 쟁반과 집게를 이용하여 온습포를 가져오며 모델에게 사용 전 수험자의 팔목 안쪽에 온도 체크를 한 후 사용한다.

⑤ 온습포로 모델을 이완시키며 남아 있는 잔여물을 제거한다.

⑥ 화장솜 두 장에 스킨 토너를 적신 후 피부결 방향으로 관리부위를 쓸어 잔여물 제거 및 유·수분 균형을 맞춘다.

⑦ 주변을 정리하고 손소독으로 마무리 한다.

4) 눈썹정리

(1) 시험 요구사항

① 눈썹정리 작업시간은 5분이며 그 안에 눈썹정리와 마무리가 이루어져야한다.

② 눈썹의 모양은 유행에 민감한 부위이므로 족집게와 가위, 눈썹칼을 이용하여 모델의 이미지를 고려하여 얼굴형에 맞는 눈썹모양을 만들고 보기에 아름답게 정리할 수 있도록 한다.

③ 눈썹징리를 위한 도구 사용 시 피부에 자극이 덜 가도록 하여야 한다.

(2) 눈썹정리 순서

① 손소독 후 눈썹용 기구를 소독하며 올려놓는다.(눈썹브러쉬, 가위, 쪽집게, 눈썹칼)

② 정리할 눈썹을 화장솜에 토너를 묻혀 가볍게 소독한다.

③ 눈썹 브러시로 눈썹의 털 난 방향으로 한번 쓸어주듯 정리한다.

④ 눈썹가위로 눈썹의 길이를 정리한다.

⑤ 족집게 사용 시 감독입회하에 감독의 지시에 따라 눈썹을 뽑는다. 뽑을 위치에 반대편 손으로 텐션을 준 다음 눈썹결 방향으로 제거한다.

⑥ 눈썹 칼로 눈언저리에 있는 나머지 눈썹 잔털을 정리한다.
⑦ 진정 젤을 발라 자극을 줄여 준다.
⑧ 눈썹용 기구들을 소독하며 마무리 정리한다.

5) 딥클렌징 (Deep Cleansing)

(1) 시험 요구사항

① 딥클렌징 작업시간은 10분이며 작업의 90%를 채운다.
② 시험 시 스크럽, 고마쥐, 아하, 효소 등의 4가지 종류의 딥클렌징 중 지정된 제품을 이용하여 얼굴에 딥클렌징 한 후 피부를 정돈한다.
③ 물리적인 각질제거 방법과 화학적인 각질제거 방법의 지식을 바탕으로 제품을 이용하여 시행할 수 있어야 한다.
④ 시험 시 딥클렌징은 모델의 피부와 상관없이 시험장에서 지정된 제품을 사용한다.
⑤ 딥클렌징의 범위는 얼굴의 턱선까지로 관리대상 범위를 넘어가지 않도록 한다.

▲ 딥클렌징 작업범위 예시 〈출처: 기술자격출제실〉

(2) 딥클렌징 유형별 사용방법

① 스크럽

- 손소독 후 유리볼에 스크럽제를 덜어 준다.
- 스크럽제를 팩 붓으로 도포한다.
- 가볍게 전체 러빙한다.
- 과제 시작 5분 경과 후 해면으로 털어내 듯이 돌려가며 닦아낸다.
- 온습포를 사용한다.
- 토너로 마무리한다.

② 고마쥐

- 손소독 후 터번 안에 티슈를 안쪽에 넣고 귀까지 가려준다.
- 티슈를 모델의 목주변 양쪽에 깔아놓는다.
- 유리볼에 고마쥐를 덜어 준 후 팩 붓으로 얇게 펴 바른다.
- 아이패드를 해준다.
- 고마쥐가 약간 마를 동안 유리볼에 물을 준비 해 둔다.
- 아이패드를 제거하고 피부 결 방향으로 밀어주듯 각질을 제거한다.
  - 밀어낼 때 무리한 압력을 가하지 않도록 하며 피부 처짐을 방지하기 위해 텐션을 주며 작업한다.
- 과제 시작 5분경과 후 손에 물을 묻혀서 전체 러빙한다.
- 터번을 다시 셋팅하여 끼워진 티슈와 목주변의 티슈를 제거한다.
- 해면으로 닦아준다.
- 온습포를 사용한다.
- 토너로 마무리한다.

③ 효소

- 손소독후 볼에 물과 효소 섞어서 요플레 보다 약간 묽게 믹싱한다.
- 팩 붓으로 턱선에서 이마 방향으로 효소를 바른다.
- 아이패드를 한후 젖은 거즈를 도포한 부위에 올려준다.
  - 효소가 마르지 않도록 하기 위함이다.
- 거즈 위에 온습포를 올려놓는다.
- 과제 시작 5분경과 후 온습포, 거즈, 아이패드를 제거한다.
- 해면으로 제거한다.

- 온습포를 사용하여 닦아준다.
- 토너로 마무리하며 주변 정리한다.

④ 아하(AHA)

- 손소독 후 아이패드를 먼저 해 준다.
- 유리볼에 아하를 적당량 덜어준다.
- 팩 붓이나 면봉을 이용하여 턱선에서 이마 방향으로 흘러내리지 않도록 도포한다.
- 과제 시작 5분 경과 후 아이패드를 제거한 후 해면으로 돌려가며 닦아준다.
- 냉습포를 사용한다.
- 토너로 마무리한다.

(3) 유의사항

- 지정한 제품 사용 확인을 위하여 딥클렌징 과제 해당제품을 모델 왼쪽 어깨 위 베드에 두었다가 마무리 작업 들어가기 전 왜건 제자리에 올려준다.
- 딥클렌징 과제 작업 후 베드에 잔여물이 남아있지 않도록 주의한다.
- 제품 도포 시 모델의 눈, 코, 입으로 들어가지 않도록 주의한다.

6) 손을 이용한 관리 (매뉴얼테크닉)

(1) 시험 요구사항

① 매뉴얼테크닉 작업시간은 15분이며 총 작업시간의 90%를 유지하여야 한다.
② 피부유형에 따라 화장품(크림이나 오일류)을 선택하여 관리부위에 도포한다.
③ 피부상태에 따라 적절한 동작으로 매뉴얼테크닉을 구사한다.
④ 매뉴얼테크닉 시 속도, 리듬, 세기, 밀착감, 시간 등을 고려하여 관리한다.
⑤ 관리부위인 얼굴과 목, 데콜테부위에 맞는 관리방법을 적용한다.
⑥ 관리 후 피부를 정돈한다.

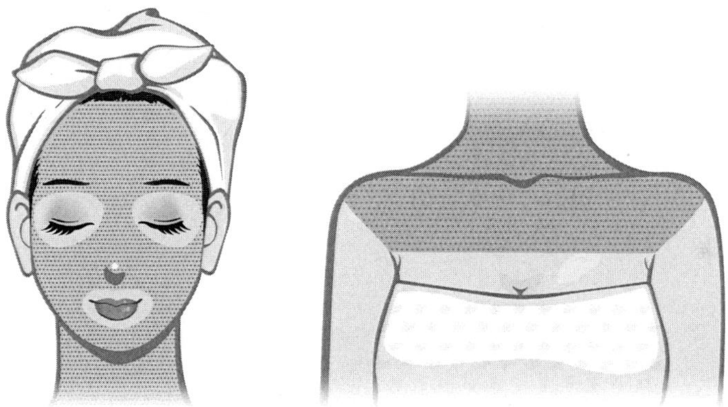

▲ 손을 이용한 관리 작업범위 〈출처 : 기술자격출제실〉

(2) 작업순서

① 손소독 후 관리계획차트에 표시한 크림 또는 오일을 선택하여 유리볼에 적당량 덜어준다.
② 관리부위에 크림이 뭉쳐 펴지지 않거나 오일의 양이 많아 흐르지 않도록 유의하며 도포한다.
③ 부드럽게 손을 밀착하여 쓰다듬기부터 시작하도록 한다.
④ 매뉴얼테크닉을 쓰다듬기, 문지르기, 반죽하기, 두드리기, 떨기 등의 동작으로 적절하게 적용한다.
⑤ 관리시작 10분후 마무리 쓰다듬기 한다.
⑥ 티슈로 관리부위 유분기를 흡수시킨다.
⑦ 해면과 온습포를 사용하여 닦아준다.
⑧ 토너로 피부결방향대로 정리해주며 작업을 마무리한다.

7) 팩 관리

(1) 시험 요구사항

① 팩의 작업시간은 10분이며 작업 시간내에 과제 마무리를 한다.
② 팩을 하기위한 기본 전처리를 실시한다.
③ 관리계획차트의 피부유형에 따라 팩을 선택한다.
④ 팩 적용 시 두께, 방향, 시간 등을 유의하며 도포한다.

⑤ 일정시간 경과 후 모델에게 불쾌감을 주지 않도록 제거한다.

⑥ 관리 후 피부를 정돈한다.

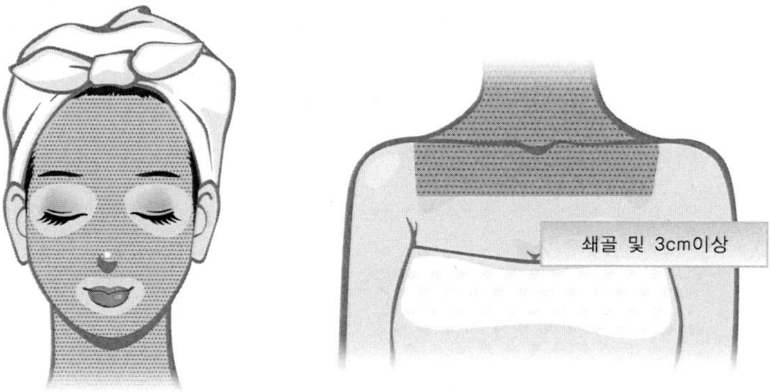

▲ 팩 도포 작업범위 〈출처: 기술자격출제실〉

(2) 작업순서

① 손소독 후 아이크림, 립크림을 발라준다.

② 관리부위에 시험 시 주어진 피부타입에 따라 해당되는 팩을 유리볼에 덜어준다.

③ 얼굴부위와 쇄골 밑 3cm까지 도포한다.

④ 팩을 바를 시 팩 붓을 너무 세워바르지 않도록 하며 45도 정도 기울여 발라준다.

⑤ 팩 도포 작업이 끝나면 아이패드와 립패드를 올려준다.

⑥ 과제시작 5~6분 후 아이패드와 립패드를 제거해 준다.

⑦ 해면을 돌려가며 팩을 제거해 준다.

⑧ 냉습포로 닦아준다.

⑨ 토너로 피부결방향대로 정리해주며 작업을 마무리한다.

8) 마스크 및 마무리

(1) 시험 요구사항

① 마스크의 작업시간은 20분이며 제시된 지정 마스크만 사용한다.

② 마스크를 하기위한 기본 전처리를 실시한다.

③ 시험 시 지정된 제품에 따라 사용방법이 다르므로 유의해서 관리부위에 도포한다.

④ 마스크 적용 시 두께, 방향, 시간 등을 유의하며 도포한다.

⑤ 일정시간 경과 후 모델에게 불쾌감을 주지 않도록 제거한다.

⑥ 관리 후 피부를 정돈하며 최종 마무리 한다.

(2) 작업순서

① 터번에 티슈를 깔고 손소독 후 아이크림, 립크림을 발라준다.

② 고무 모델링의 경우 - 아이패드를 한다. 석고마스크의 경우 - 석고 베이스를 도포하고 아이패드와 거즈를 덮어둔다.

③ 관리부위에 시험 시 주어진 피부타입에 따라 해당되는 석고나 고무 모델링 마스크를 고무볼에 1회용 덜어 적절히 물량을 조절하여 섞어준다.

④ 마스크의 작업부위는 얼굴에서 목 경계부위까지로 양을 적절히 조절하여 도포한다.
⑤ 도포 시 코와 입에 호흡을 할 수 있도록 해야한다.
⑥ 모델의 터번을 풀어주고 마스크가 응고될 때까지 기다리며 마무리 관리 순서를 체크한다.
⑦ 도포 종료 5~6분 전 터번을 하고 마스크를 제거한다.
⑧ 해면으로 잔여물을 제거한다.
⑨ 냉습포로 진정시키며 닦아준다.
⑩ 토너로 피부결방향대로 정리해준다.
⑪ 아이크림, 립크림, 수분영양크림 순서대로 발라주며 최종작업을 마무리 한다.

3 2과제 - 팔, 다리관리

(1) 팔(전체)

① 팔관리시간은 10분으로 총 작업시간의 90% 이상을 유지한다.
② 모델의 오른쪽 팔 전체를 관리부위로 정한다.
③ 과제에 사용되는 화장품 및 사용재료는 작업에 편리하도록 작업대에 정리한다.

④ 모델을 관리에 적합하도록 준비하고 베드 위에 누워서 대기한다.
⑤ 관리할 팔 밑에 소(小)타올을 세팅한다.
⑥ 손 소독 후, 화장수를 사용하여 가볍고 신속하게 닦아낸다.
⑦ 화장품 크림 혹은 오일 타입을 도포하고 적절한 동작을 사용하여 관리한다.
⑧ 손의 상태를 파악하고 목적에 맞는 매뉴얼 테크닉 방법을 선택할 수 있다.
⑨ 손과 팔 매뉴얼 테크닉 구사 시에 리듬, 세기, 속도, 시간 등을 고려할 수 있다.
⑩ 손, 팔 매뉴얼 테크닉에 따라 손에서부터 액와 아래까지에 맞는 관리 방법을 적용할 수 있다.
⑪ 관리가 끝난 후, 온습포를 이용하여 오일감이 남지 않도록 깨끗이 닦아낸다.
⑫ 손 소독 후, 화장수를 사용하여 가볍고 신속하게 닦아낸다.

(2) 다리(전체)

① 다리관리시간은 15분으로 총 작업시간의 90% 이상을 유지한다.
② 모델의 오른쪽 다리 전체를 관리부위로 정한다.
③ 과제에 사용되는 화장품 및 사용재료는 작업에 편리하도록 작업대에 정리한다.
④ 모델을 관리에 적합하도록 준비하고 베드 위에 누워서 대기한다.
⑤ 관리할 다리 밑에 소타올을 세팅하고, 관리하지 않는 다리는 중타올로 덮어준다.
⑥ 알콜솜을 이용하여 발을 소독한다.
⑦ 손 소독 후, 화장수를 사용하여 가볍고 신속하게 닦아낸다.
⑧ 화장품 크림 혹은 오일 타입을 도포하고 적절한 동작을 사용하여 관리한다.

⑨ 다리의 상태를 파악하고 목적에 맞는 매뉴얼 테크닉 방법을 선택할 수 있다.

⑩ 다리 매뉴얼 테크닉 구사 시에 리듬, 세기, 속도, 시간 등을 고려할 수 있다.

⑪ 다리 매뉴얼 테크닉에 따라 서혜부를 제외한 아래쪽 전부를 말하며, 뒤쪽은 다리를 들어서(다리를 세우거나, 개구리다리 모양으로 옆으로 해서) 관리하면 된다.

⑫ 관리가 끝난 후, 온습포를 이용하여 오일감이 남지 않도록 깨끗이 닦아낸다.

⑬ 손 소독 후, 화장수를 사용하여 가볍고 신속하게 닦아낸다.

(3) 제모(다리)

① 제모 관리시간은 10분으로, 제모는 좌우 구분이 없다.

② 과제에 사용되는 화장품 및 사용재료는 작업에 편리하도록 작업대에 정리한다.

③ 모델을 관리에 적합하도록 준비하고 베드 위에 누워서 대기한다.

④ 제모부위의 작업부위는 양쪽다리 전체 중 제모하기에 적합한 부위를 하면 된다.

⑤ 손 소독을 한 후 제모에 필요한 기구를 소독하여 준비한다

⑥ 위생장갑을 착용한 후, 제모부위를 알콜솜으로 소독한다.

⑦ 탈컴 파우더를 제모할 부위에 바른다.

⑧ 제모는 제공되는 왁스 워머에 데워진 핫 왁스를 필요량만큼 종이컵에 덜어간다.

⑨ 왁스도포 전 손목 안쪽에다 왁스 온도를 체크한다.

⑩ 제모 작업 시, 제모면적은 수험자 지참재료인 부직포(7 x 20cm) 1장을 이

용하여 도포범위 (4~5 x 12~15cm)를 기준으로 왁스를 도포한다.

⑪ 단, 부직포를 제거할 때는 감독위원의 입회하에 작업을 하면 된다.

⑫ 체모를 제거하고 제모부위의 피부를 정돈한다.

⑬ 관리부위에 체모가 완전히 제거되지 않았을 경우, 족집게 등으로 잔털 등을 제거한다.

⑭ 손 소독 후, 수딩젤로 제모부위를 진정시킨다.

4 3과제-림프를 이용한 피부관리

① 림프를 이용한 피부 관리 시간은 총 15분으로 림프관리 시에는 종료와 동시에 끝낼 수 있도록 한다.

② 과제에 필요한 제품을 미리 준비한다.

③ 작업 전 관리부위에 대한 클렌징 작업은 하지 않는다

④ 손 소독을 한 뒤 오일을 사용하지 않을 수 있고 때로는 오일을 사용하여도 된다.

⑤ 림프를 이용한 관리는 모델의 얼굴과 목을 대상으로 하며 림프절의 방향에 따라 손을 이용하여 진행한다.

⑥ 림프 관리 방법은 닥터보더 방식을 기준으로 한다.

⑦ 먼저 데콜테 부위의 애플라쥐를 가볍게 한다.

⑧ 손동작의 시작점은 프로폰두스 부터 시작하며 목 관리-얼굴관리 순으로 그리고 마지막 동작은 다시 에플라쥐로 끝낸다.

⑨ 일정한 속도와 압력을 유지하며 림프절의 방향에 역행되지 않도록 주의하며 정확한 위치에서 진행한다.

제3과제에서 주로 보는 것은

준비 및 위생 상태로 관리자의 손 소독이 중요하며 주변 정리 정돈이다.

작업의 방향과 부위의 정확성으로 림프의 흐름을 역행해서는 안 되며 작업의 시작과 끝은 에플라쥐 동작을 실시한다.

작업의 적절성으로 화장품 사용 시 사용량이 적합한지 적절한 압력과 속도를 유지했는지를 본다.

전체 마무리 작업으로 관리 후 바로 화장품 도포를 하지 않아야하고 기초 화장은 과제가 끝난 뒤 한다.

Salon Teatment of Esthetic

PART 2

얼굴관리

CHAPTER 01 클렌징(Cleansing)

CHAPTER 02 딥클렌징(Deep Cleansing)

CHAPTER 03 마사지(Massage)

CHAPTER 04 매뉴얼 테크닉 실기

CHAPTER 05 팩과 마스크

CHAPTER 01 클렌징(Cleansing)

1 클렌징의 의의

스킨케어(Skin Care)의 기본은 깨끗하게 닦아내는 것, 즉 피부의 청결로부터의 시작이다. 세안의 목적은 생리적으로 인체에서 분비되는 피지와 땀 등의 노폐물과 묵은 각질, 메이크업시의 잔여물, 각종 먼지 등을 제거하는 것에 있다.

일반적으로 클렌징(Cleansing)은 메이크업 시에는 물론이고 메이크업을 하지 않았더라도 시행되어져야 하고 특히, 피지분비량이 많은 지성 피부일 경우 땀이나 피지분비물, 환경오염, 먼지 등으로 인한 피부 트러블의 원인을 제거하는 가장 중요한 단계이다.

피부 노폐물들을 적절하게 제거하지 못하여 피부에 남게 되면 정상적인 분비작용과 신진대사 등 생리적 기능을 제대로 할 수 없게 되고 모공을 막아 여드름이나 피부트러블의 원인이 된다.

또한, 피부의 피지와 유성성분인 메이크업 잔여물은 공기 중에 산화하여 과

산화지질이 되어 노화를 촉진하는 원인이 될 뿐만 아니라 피부에 노폐물이 남아 있는 상태에서는 피부에 유효성분이 효율적으로 흡수될 수가 없다.

일반적으로 클렌징 단계의 중요성을 잘 인식하고 있지만 부적절한 세안제의 선택과 올바르지 못한 세안 방법으로 노화를 촉진하는 결과를 가져온다.

또한, 수성세안은 먼지나 땀과 같은 수성노폐물을 제거하며 유성노폐물을 제거하기 위해서는 유성세안을 해주는 것이 반드시 필요하다.

클렌징은 피부미용의 첫 단계이며 가장 중요한 과정이다. 특히 피부미용실에서는 고객의 피부유형에 맞는 세안제로 세정하지 못하면 효과적인 피부미용의 결과를 볼 수 없으므로 세심한 주의가 필요하다 할 수 있다.

2 클렌징의 목적

① 피부의 피지와 땀, 대기 중의 먼지, 메이크업 잔여물, 묵은 각질 등을 제거하고 피부를 청결하게 한다.

② 세안이나 클렌징 시에 발생하는 피부자극으로 인하여 혈액순환을 원활히 하고 피부의 생리적 기능을 돕는다.

③ 색조 화장품이나 유성노폐물을 제거하고 피부를 청결하게 하며, 피부호흡과 흡수를 원활하게 한다.

④ 다음 피부미용 과정에서 사용되어지는 화장품의 유효성분들의 흡수를 도와준다.

⑤ 세안 시 느끼는 심리적, 정신적 청량감으로 상쾌함을 준다.

3 클렌징의 유의사항

① 피부에 자극을 주지 않으며, 동작에 힘을 빼고 가볍게 문지른다.
② 피부의 피지막이나 수분성분을 완전히 제거해서는 안 된다.
③ 세안제품 사용한 후, 피부에 부작용이 없어야 한다.
④ 시작은 미지근한 물로, 마무리는 찬물을 사용하는 것이 좋다.

4 클렌징 단계

1) 1차 클렌징(Point Make-up Cleansing)

아이섀도, 마스카라, 눈썹, 아이라인, 입술을 닦아내는 과정을 말하는 것으로, 클렌징의 첫 단계이다. 유성 색조 성분을 효과적으로 제거할 수 있는 전용 메이크업 리무버를 사용한다.

2) 2차 클렌징(Face Cleansing)

얼굴과 목 등의 전체적인 클렌징 과정으로 피부 타입에 맞는 적절한 클렌징 제품을 선택하여 피부표면에 있는 화장품과 노폐물, 공해물질, 먼지 등을 부드럽게 클렌징 한 다음 티슈로 닦아낸다. 클렌징제가 피부에 흡수되는 것을 막으려면 약 3분 내에 닦아내야 한다.

3) 3차 클렌징

피부 유형에 적합한 화장수를 사용하여 세안 후에 남은 세안제의 잔여물과 노폐물을 제거하고 피부의 pH밸런스를 조절하며 수분을 공급한다. 화장솜에 화장수를 적당량 적신 후 얼굴과 목 등의 부위를 피부결 방향으로 부드럽게 닦아낸다.

5 클렌징 제품의 종류

1) 물

피부 표면의 산화된 피지, 크림, 로션류의 유성화장품은 잘 씻어내지 못한다.

(1) 물의 온도에 따른 세정효과

① **얼음** : 세정효과가 거의 없다. - 혈관과 모공 수축을 하며 여드름 및 염증, 종기 등의 완화효과를 준다. 피부를 진정시키고 청량감을 부여하며 긴장감을 준다.

② **찬물**(10~15℃) : 가벼운 세정 효과가 있다. - 혈관과 모공수축을 도와 피부의 탄력, 긴장감을 준다. 피부의 유분손실을 막아 준다.

③ **미지근한 물**(15~21℃) : 가벼운 각질제거에 효과적으로 피부에 안정감을 주고 혈액순환을 촉진시킨다.

④ **따뜻한 물**(21~35℃) : 세정효과가 크며 각질제거가 용이하다. 혈관을 가볍게 확장시켜 혈액순환을 촉진시킨다.

⑤ **뜨거운 물**(35℃ 이상) : 세정효과 매우 크며 각질제거가 매우 용이하다. 혈관 확장이 많으며 혈액순환이 촉진된다.

- 모공이 확장 되어 땀, 피지분비가 촉진된다.
- 피부의 긴장감 저하로 피부의 탄력이 저하된다.

⑥ **수증기** : 피부 깊숙이 세정효과가 뛰어나며, 뜨거운 습기로 피부가 부풀어 각질제거가 매우 용이하다. 혈관이 확장되어 혈액순환을 강하게 촉진시킨다. 모공이 넓게 확장되고 땀, 피지분비가 촉진되어 여드름 등 노폐물이 쉽게 배출된다. 장시간 또는 자주 수증기를 쐬면 피부 탄력 저하 및 혈관을 지나치게 확장시켜 모세혈관확장증이 되기 쉽다.

2) 비누(Soap)

(1) 비누의 기원

8세기경 북 이탈리아의 항구 마을 사바나에서 처음으로 비누공업이 시작되었는데, 이것이 프랑스어의 Savon, 영어의 Soap 등의 어원이다.

비누는 고급 지방산염의 총칭으로 천연유지를 계면활성 작용을 이용하여 거품을 일으켜 물로 씻기지 않는 피부의 노폐물, 먼지, 때 등의 수성, 유성의 더러움을 제거하는데 그 목적을 둔다.

우리가 일상생활에서 사용하는 비누는 수용성이며 pH가 10~12 정도이다.

비누는 피부 표면의 세정효과와 살균력이 뛰어나나 피부의 보호막인 피지막과 산성막을 지나치게 제거하여 피부표면의 pH를 상승시킴으로 주의하여 사용하지 않으면 피부가 건조하고 거칠어지기 쉽다.

(2) 사용방법

미온수를 사용하여 모공을 충분히 열리게 한 후 거품을 내서 근육의 결에 따라 얼굴에 가볍게 문질러 사용하되 충분히 헹구어 피부에 비누의 잔여분이 남지 않도록 한다.

특히, 민감성 피부는 피부의 완충능력이 약하여 원래의 상태로 돌아가기 쉽지 않으므로 일반적인 비누세안은 피해야 한다.

(3) 비누의 종류

세안용 화장비누와 알카리도를 감소시키기 위해 특수 가공된 프렌치 마일드 비누, 피부의 살균이나 소독에 효과적인 약용비누, 고급스러운 느낌의 투명비누, 미용비누 대용으로 사용할 수 있는 크림상의 비누인 폼 클렌징, 전신 세정제나 샴푸로 사용되는 액상비누 등이 있다.

3) 포인트 메이크업 리무버(Point Make-up Remover)

눈과 입술화장을 지울 때 사용되는 전용 리무버로 유성의 색조화장을 효과적으로 제거할 수 있으며, 눈물과 비슷한 pH를 가지고 있어 눈에 들어가도 자극이 되지 않는다.

수성과 유성제품이 있으며 수성제품은 사용감이 부드럽고 자극이 적으며, 물에 잘 지워지는 산뜻한 타입으로 정상 피부나 지성 피부에 적합하고, 클렌징한 후 눈 주변이 건조해지지 않도록 유성성분을 첨가한 제품은 건성 피부에 적합하지만, 눈에 들어가면 눈이 뿌옇게 흐려지고 잔여물이 남을 수 있으며, 그 후 화장을 할 경우 잘 지워진다는 단점이 있다.

4) 클렌징 크림(Cleansing Cream)

유성의 크림상태(W/O) 제품으로 광물성 오일이 40~50% 정도 함유하고 있어 유분이 많아 이중세안이 필수적이다.

세정력이 뛰어나 진한 메이크업을 하고 난 후나, day 및 night 메이크업, 특수화장 및 분장 등 유성의 화학성분이 들어있는 화장품을 제거하는데 효과적이며, 건성 피부에 적합하고 지성 피부나 예민한 피부를 가진 사람은 가급적 피하는 것이 좋다.

클렌징 후 피부에 남은 경우 모공을 막아 피부트러블의 원인이 될 수 있으므로 클렌징 폼 또는 약산성 비누를 이용하여 반드시 이중세안을 한다.

5) 클렌징 밀크(Cleansing Milk)

일반적으로 흔히 클렌징 로션(Cleansing Lotion)이라고도 하며, 친수성의 로션 상태(O/W) 제품으로 기름이 물에 분산된 상태이다.

피부에 자극이 적어 건성, 노화, 민감 피부에 적당하고, 클렌징크림에 비해 수분을 많이 함유하고 있어 사용감이 편하고 피부에 자극이 적다.

사용 후 느낌이 산뜻하나 세정력이 약하여 진한 화장을 한 경우 깨끗하게 지우기 어렵다.

6) 클렌징 오일(Cleansing Oil)

물과 친화력이 있는 오일성분을 배합한 제품으로 물에 쉽게 용해되는 친수성제품이 많고 진한 화장을 한 다음 사용하기에 좋다.

피부에 자극 없이 사용되어 건성, 예민성, 노화 피부에 적합하고 눈 화장, 입술 화장을 제거할 때에도 사용 가능하다.

7) 클렌징 젤(Cleansing Gel)

오일성분이 전혀 함유되지 않은 젤 형태의 클렌징제이며, 지방성분이 없어 촉촉한 사용감이 뛰어나다.

흡착력이 우수하여 피부에 오염물질의 제거가 잘되며 모공이 넓은 피부에도 사용감이 좋다.

예민 피부, 알레르기성 피부, 여드름 피부에 적합하다.

8) 클렌징 워터(Cleansing Water)

화장수, 계면활성제, 에탄올을 소량으로 배합한 제품으로 가벼운 화장을 지우거나 피부를 닦아낼 때 사용한다.

피부를 닦을 때에는 화장솜에 내용물을 충분히 적셔 피부에 불순물이 나오지 않을 때까지 여러 번 반복하여 사용한다.

예민성 피부, 알레르기 피부에 사용하고 눈 화장, 입술 화장 제거용으로 사용할 수 있다.

9) 클렌징 티슈(Cleansing Tissue)

클렌징 워터를 티슈에 적신 것으로 휴대하여 외출 시 화장을 고칠 때 사용하는 제품이다.

10) 폼 클렌징(Foam Cleansing)

계면활성제형 세안 화장품으로 비누의 우수한 세정력과 수성세안 시 피부의 자극을 최소화하는 약산성 타입의 제품이다.

비누의 단점인 피부 당김과 자극을 제거한 제품으로, 이중세안용으로 적합하다.

11) 화장수(Tonic Lotion)

세안 후 사용하며 토너, 토닉, 아스트리젠트, 토닝로션, 스킨토너, 후레쉬너 등 제품성분과 성상에 따라 다양하게 불린다.

화장수는 일반적으로 투명한 액상화장품으로 각질층에 수분 또는 보습 성분을 공급하여 피부 생리작용을 돕는 것이 그 목적이다.

증류수, 알코올, 보습제, 식물 추출물 등이 성분의 대부분을 차지하며, 여기에 화장수의 사용 목적에 따라 산이나 알칼리 혹은 점액질 등 기타 성분을 배합한 것이 일반적인 화장수의 기본 구성이다.

(1) 화장수의 기능

① 세안 후 남아있는 잔여물을 닦아내는 작용

② 피부의 각질층에 수분공급 작용

③ 세안 후 알칼리성 피부를 약산성 상태로 pH밸런스를 조절하는 작용

④ 피부생리작용의 조절
⑤ 트리트먼트의 첫 보습 단계로 피부를 매끄럽게 하고 유연성 향상
⑥ 피부의 살균이나 소독에 효과적인 약용비누, 피부의 수렴작용
⑦ 피부를 정상상태로 회복시켜 보습 성분과 활성 성분의 흡수를 용이

(2) 화장수의 종류

① 유연화장수

- NMF(천연보습인자) 등의 보습성분과 유연성분이 많이 함유되어 각질층에 보습력을 형성하며 피부를 유연하고 매끈하게 한다.
  보습제가 중요한 역할을 하며, 사용감을 위해 점액질, 유연제 등이 첨가된다.
- 건성 또는 노화피부에 효과적으로 사용된다.
- 다음 단계에서 사용하는 제품의 흡수를 용이하게 한다.

② 수렴화장수

- 수렴제를 배합한 화장수로 아스트리젠트라고 한다.
- 주로 중성, 지성, 복합성 피부에 사용되고 모공확장피부에 사용된다.
- 모공 수축, 피지분비 조절 등을 통하여 피부조직을 정돈해준다.
- 약산성 상태로 피부의 pH 조절, 살균, 소독의 역할을 한다.
- 신선감과 청량감을 준다.
- 피지와 땀에 오염이 쉬운 여름철에는 모든 피부에 사용할 수 있다.

③ 소염화장수

- 주요성분은 아연화, 알란토인, 캄파이다.
- 피부를 청결하게 해주는 화장수로 살균과 소독을 한다.
- 모공수축, 신선감, 청량감을 주는 화장수이다.
- 무알코올 화장수는 식물성 허브추출물 등의 활성성분을 이용하여 살균, 소독 효과를 주고 있다.
- 과거에는 알코올 함량이 높은 화장수들이 많았으나, 차츰 무알코올 소염화장수가 나오고 있다.
- 지성, 여드름 및 복합성 피부의 T-zone 부위에 과잉 피지를 흡수하거나 염증이 생긴 피부를 진정시키는데 효과가 있다.

(3) 화장수의 알코올함량

① 일반적으로 0~10% 정도 함유되어 있다.

② 알코올 함량이 10% 이하 함유된 유연화장수는 부드러운 화장수로 적당한 수분을 공급하며, 피부에 유연성을 높여주므로 모든 피부에 사용한다.

③ 알코올 함량이 4% 이하의 낮은 화장수를 무알코올 화장수라하며, 무자극성이라 피부가 예민하거나 수분이 부족한 건성 피부에 사용한다.

④ 여드름 피부인 경우 알코올이 10~30% 정도 함유된 수렴화장수는 사용감이 산뜻하고 피지를 제거하며, 소독력은 좋으나 피부가 건조해지고 예민해지는 단점이 있다.

⑤ 최근에는 무알코올 화장수와 무자극의 살균성 천연활성성분을 함유한 화장수를 많이 사용한다.

CHAPTER 02 딥클렌징(Deep Cleansing)

1 딥클렌징의 정의

딥클렌징(Deep Cleansing)이란, 사전적 용어로 '깊은 곳을 세척하다'라는 의미를 가지며 피부 모공 속의 노폐물과 메이크업 잔여물, 먼지, 오래된 묵은 각질을 제거하는 피부 심층 세정작업을 뜻한다.

피부의 기저층에서 세포가 생성되면 유극층에서 과립층으로, 과립층에서 각질층 위쪽으로 수직이동 된다. 각질층으로 이동된 세포는 생명을 다하게 되어 떨어져 나간다. 이러한 현상을 각화현상(Keratinization)이라 한다.

이 각화현상이 원활해야 건강한 피부가 될 수 있다.

딥클렌징은 건강한 피부를 위하여 이중세안으로 제거되지 않고, 피부 각질층에 누적되어 있는 과잉 피지와 노폐물을 제거하며, 화장품의 유효성분을 효과적으로 흡수시키기 위하여 피부 상태에 따라 무리한 자극을 주지 않고, 부작용 없이 각질을 떼어내는 것을 말한다.

주기적인 딥클렌징은 정상적인 각질층을 유지해줌으로써 피부노화를 지연, 억제시키기도 한다.

딥클렌징의 종류에는 물리적 딥클렌징으로 스크럽, 고마쥐와 같은 제품 사용과 프리마톨, 스킨스크러버 등 기기 사용이 있으며, 화학적 딥클렌징은 효소, AHA, BHA 등이 있다.

cf. 필링과 박피는 피부를 벗겨낸다는 의미에서 같지만 제거하는 깊이와 강도에 따라 차이점이 있다.

* 필링(Peeling)은, '피부를 깎아 내거나 아니면 벗겨낸다'라는 의미를 가지고 있으며 딥클렌징보다 강력한 방법으로 물리적 필링, 화학적 필링, 레이저 필링 등으로 상처, 색소침착, 노화된 피부의 표피 일부를 인위적으로 제거하여 다시 재생되도록 개선시키는 것을 말한다.
* 박피술은 필링보다 더 강하다 할 수 있고, 표피뿐만 아니라 진피까지 깎아 내거나 벗겨낸다. 따라서 시술 후에 얼굴이 빨갛게 되고 딱지가 생기며 회복기간이 오래 걸린다. 주로 우리가 알고 있는 박피술로는 해초박피가 있다.

2 딥클렌징의 목적 및 효과

1) 딥클렌징의 목적

딥클렌징은 일반 클렌징 후, 각질층에 쌓이는 죽은 세포와 노폐물을 정기적으로 제거하여 피부층의 흡수장벽을 완화시킨 후, 다음 단계의 영양 흡수를 용이하게 하며, 건강하고 매끈한 피부를 만들고 노화를 지연, 방지하는데 목적이 있다.

2) 딥클렌징의 효과

① 피지의 분비를 조절하여 안색이 맑아진다.
② 화장품의 흡수를 돕는다.
③ 피부재생, 노화방지를 위한 조건을 제공한다.
④ 물리적 딥클렌징으로 인한 혈액순환을 촉진시킨다.

3 딥클렌징의 방법

1) 물리적인 방법

손이나 기계 등의 물리적인 마찰로 인한 노화된 각질을 제거하는 방법으로 스크럽(Scrub), 고마쥐(Gommage) 등의 제품 타입과 브러싱(Brushing)이나 석션 등의 기기가 사용된다.

물리적 딥클렌징은 과각화된 피부, 면포성 여드름, 지성 피부, 여드름 상흔이 있는 피부, 모공이 큰 피부에 효과적이다.

단, 모세혈관 확장증, 염증성 피부, 민감성 피부, 자외선에 의해 심하게 손상된 피부에는 절대 피하도록 한다.

2) 화학적인 방법

화학적 딥클렌징은 피부 표피의 각질층에 쌓인 오래된 피지나 각질을 가수분해하거나 이온화시켜 분해시키는 방법으로 에스테틱 분야에서 일반적으로 효소(Enzyme)와 AHA(A-Hydroxy Acid)를 사용한다.

화학적필링으로 T.C.A.(Trichloroacetic Acid), 벤졸퍼옥사이드(Benzoilperoxid), 페놀(Phenol) 등 화학적 약품을 이용하여 노화된 표피의 일부 또는 전체를 인위적으로 제거해 내는 방법도 있지만, 이는 에스테틱 분야에서 보다 의학적 분야에서 다루어진다.

4 딥클렌징의 종류

1) 스크럽(Scrub)

- 스크럽이란 '문질러 씻다'의 의미로 대부분 알갱이가 있으며, 고령토, 흑설탕, 녹두, 살구씨, 아몬드, 조개껍질 등의 자연적 재료뿐만 아니라 폴리에틸렌류의 미세알갱이로 된 인공적 재료를 이용한 물리적 딥클렌징이다.
- 사용 횟수는 정상, 건성 피부는 1달 2회, 각질이 두꺼운 피부, 지성 피부, 모공이 큰 피부, 면포성 여드름 피부, 여드름 상흔이 있는 피부는 1주 1~2회 정도 적용한다.
- 화농성 여드름, 민감한 피부는 되도록 피한다.

① 스크럽 제품을 유리볼에 덜어 팩 붓으로 얼굴 중앙에서 밖으로 전체 도포한다.

② 딥클렌징 동안 스팀기를 사용하면 각질이 연화되어 자극 없이 효과를 볼 수 있으며, 3~4분 동안 손으로 러빙한다.

※ 스팀기 사용이 불가능하면 딥클렌징 동안 스크럽 제품이 마르지 않도록 물을 약간씩 적셔가며 사용한다.

③ 알갱이가 얼굴에 남지 않도록 해면으로 깨끗하게 마무리 후 온습포, 토너로 마무리한다.

2) 고마쥐(Gommage)

- 프랑스어로 '지우기, 지워 없애기'의 뜻을 내포하고 있으며, 고마쥐는 전분(Starch)을 기본 재료로 하여 손가락으로 섬세하게 피부결 방향대로 문질러 죽은 각질을 제거하는 물리적 딥클렌징이다.
- 고마쥐를 바른 후 스팀기를 사용하지 않고 약간 건조 시킨 후, 근육의 결 방향으로 가볍게 3~5분 정도 손가락으로 문질러서 밀어낸다.
- 얼굴에 도포한 후 너무 오래 건조시키면 문지르기 어렵고 피부의 건조를 유발할 수 있다.
- 면포성 여드름 피부나 노화 피부에 사용하면 좋으나 각질이 너무 얇거나 예민한 피부, 염증성 피부는 피하는 것이 좋다.
- 고객의 피부상태에 따라 강도를 차별화해야 한다.

① 유리볼에 고마쥐를 덜어 팩 붓으로 얼굴 전체에 도포한다.

② 아이패드와 립패드를 하고, 약간 건조되는 동안 어깨와 목 사이 티슈를 깔고 유리볼에 물을 준비한다.

③ 밀어내는 반대편 쪽 손으로 텐션을 준 후, 피부결 방향대로 엄지 또는 2, 3지로 밀어 낸다.

※ 밀어낼 때 무리한 힘을 주어 피부가 쳐지지 않게 하며 문지른 가루가 눈, 코, 입에 들어가지 않도록 주의한다.

④ 얼굴 표면에 남아 있는 것은 물을 묻혀 얼굴 전체 러빙 후 젖은 해면으로 제거한다.

⑤ 온습포 후 토너로 마무리 한다.

3) 효소(Enzyme)

- 효소는 단백질을 분해하는 촉매제로 작용하여 자극 없이 각질과 노폐물을 제거해주며 파파야, 바나나, 우유효모 등에서 추출해낸 효소를 주원료로 사용한다.
- 온도와 수분에 의해 활성화되므로 얼굴에 직접 약한 스팀을 분사하는 것이 효과적이나 스티머가 없을 때에는 온습포를 사용한다.
- 자극 없이 모든 피부에 적용 가능하나 자외선에 의해 심하게 손상된 피부에는 삼가해야 한다.
- 정상, 건성, 지성 피부에는 주 1~2회, 민감성 피부, 모세혈관 확장피부, 염증성 피부 등에는 1~2주에 1회 정도 사용한다.

① 효소가루 1~2스푼을 떠서 미지근한 물에 잘 저은 후(요플레 묽기 정도), 팩붓을 이용해 눈가와 입술을 제외한 얼굴 전체에 펴 바른다.

② 아이패드와 립패드를 한 후, 스티머를 사용하여 보통 5~10분 정도 일정한 수분을 유지시킨다.

※ 효소는 적절한 온도와 습도를 유지할 때 가장 효과적이므로 바르고 마르지 않은 상태로 둔다.

③ 10~15분 후 따뜻한 물을 충분히 적신 해면이나 온습포를 이용하여 닦아낸다.

④ 효소 딥클렌징 후에는 알칼리화된 피부 상태의 산도를 중성화시키기 위하여 pH발란스를 맞추어 주어야하므로 pH를 저하시키기 위해 pH가 낮은 약산성 토너로 정리해 준다.

4) AHA(Alpha Hydroxy Acid)

- 여러 과일류와 일부 발효식품에서 추출해 낸 무독성 천연과일 산으로 피부 각질제거 성분으로 사용되고 있다.
- 글리콜산(Glycolic Acid)은 사탕수수와 꿀에서, 젖산(Lactic Acid)은 발효유에서, 주석산(Tartaric Acid)은 포도에서, 말릭산(Malic Acid)은 사과에서, 구연산(Citric Acid)은 감귤류에서 추출된다.
- 각질세포간의 응집력을 약화시키고 각질 탈락을 촉진하여 피부 재생을 유도한다.
- 화상, 피부염, 상처부위에는 AHA 딥클렌징을 피한다.
- AHA 농도에 따라 1~4%는 보습성분으로 작용하고, 5~7%는 약간의 각질제거제로, 8~15%는 효과적인 각질제거로 에스테틱 분야에서 많이 활용되며, AHA 40~70%는 의학 분야에서 사용하며 진피층까지 영향을 끼친다.

① 아이패드와 립패드를 먼저 올린다.

② AHA를 팩 붓이나 면봉으로 근육결 방향대로 균일하게 도포하되 눈가, 입가, 코로 들어가지 않도록 한다.

③ 피부상태에 따라 5~10분 뒤 차가운 해면을 이용하여 부드럽게 닦아낸다.

④ 냉습포로 진정시키거나 진정 팩을 해주어야 한다.

cf. BHA(Beta Hydroxy Acid)

* BHA를 살리실산이라고도 하며, 색소침착 부위, 잔주름 감소 등의 AHA와 비슷한 기능을 가지고 있고, AHA보다 훨씬 강한 면포 제거 기능이 있다.
* 지용성이며 모공 속의 피지를 흡수, 모공 입구의 각질을 제거하며, 항염효과가 있어 여드름 피부에 더욱 효과적이다.
* 높은 농도의 BHA는 알레르기 피부나 임산부는 피하도록 한다.

5) 딥클렌징 기기관리

(1) 프리마톨(Frimator)

천연 양모 소재의 전동 브러시로 클렌징, 딥클렌징, 필링, 마사지의 효과를 얻는 피부 관리 기기이다. 손잡이의 끝부분에 솔이나 스펀지, 연마용 돌 등을 사용 목적에 따라 바꾸어 선택할 수 있다. 피부질환, 상처, 예민 피부, 최근 수술 부위에는 사용하지 않는 것이 좋다.

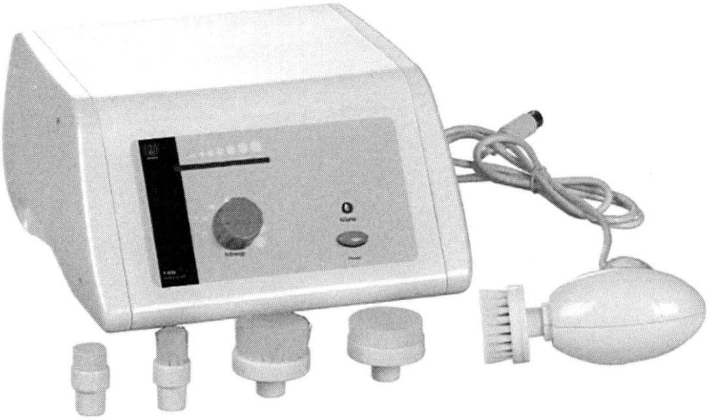

▲ 프리마톨(Frimator) 〈출처: https://m.blog.naver.com/mresthetic/222012684205〉

<사용법>

① 피부 표면에 클렌징 로션을 도포한다.
② 물에 살짝 적신 솔을 핸드피스에 딱 소리가 날 때까지 정확히 끼운다.
③ 스위치를 켜고 피부타입에 맞는 회전속도를 관리사 손등에서 체크한다.
④ 피부 표면에 솔이 눌리거나 꺾이지 않게 직각으로 닿도록 한다.

⑤ 가볍게 누르듯 원을 그리며 굴곡에 따라 이동한다.
⑥ 건조 시 스티머나 물기를 주며 사용한다.
⑦ 회전속도는 피부 타입에 따라 다르게 적용한다.
⑧ 정상 300~400rpm, 민감 200~250rpm, 지성 400~450rpm로 사용한다.
⑨ 턱 → 볼 → 입술 → 코 → 이마 순서로 사용한다.

(2) 스티머(Steamer, Vaporizer)

피부 관리에 가장 많이 쓰이는 기기로 센서에 의해 물이 가열되어 초미립자 증기를 이용하여 안면을 관리하는 기기이다. 스티머에는 증기 공급형과 증기 및 오존 공급형의 2가지가 있다. 오존 공급형 스티머는 세포의 산소공급을 증가시키고 세균 및 박테리아를 제거하며 신진대사를 촉진시킨다.

오존은 맨 얼굴일 경우에만 쐬이며, 젤이나 크림 등의 제품을 발랐을 때는 오존을 쐬이지 말아야 한다.

스티머의 기능은 온열효과로 피부의 모공과 땀구멍을 열어지게 하여 피부의 노폐물이 쉽게 배출되게 해주며, 보습효과가 증가하고 혈액순환 및 신진대사의 활성화를 촉진시킨다. 단, 피부감염, 모세혈관 확장피부, 상처, 일광에 손상된 피부, 천식환자에게는 사용이 부적합하므로 주의해서 사용한다.

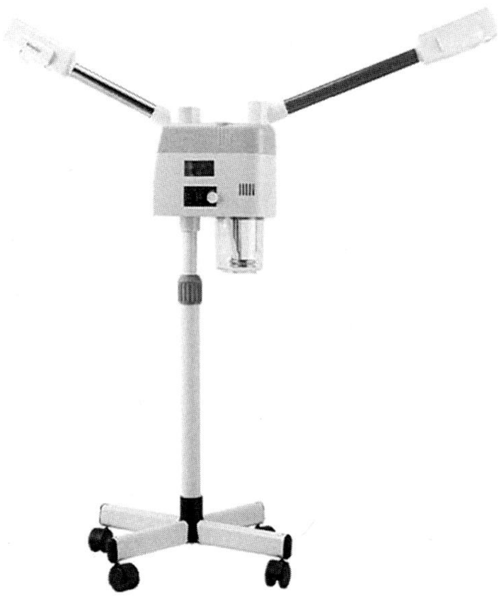

▲ 스티머(steamer) 〈출처: https://www.sellerboard.co.kr〉

<사용법>

① 정지선까지 정제수를 넣고 고객관리 10분 전에 예열한다.

② 스팀이 나오기 시작할 때 오존을 켠다(오존을 틀면 눈을 덮어주도록 한다).

③ 수증기가 코를 향해 뿜어지면 호흡이 곤란해지므로 코로 향하지 않도록 한다.

④ 모세혈관확장 부위는 화장솜을 덮어둔다.

⑤ 피부상태에 따른 적정시간과 거리를 둔다.

⑥ 지성, 건성, 노화 피부에는 30cm 거리에 15분 적용한다.

⑦ 정상 피부는 35cm 거리에 10분 적용한다.

⑧ 모세혈관확장, 여드름, 민감성 피부는 40~50cm 거리에 5분간 적용한다.

(3) 스킨 스크러버(Skin Scrubber)

25,000Hz 이상의 초음파로 1초 동안에 25,000회 이상의 초음파 에너지 진동에 의해 세정수가 엷은 안개처럼 되어서 피지와 불순물을 세정작용하고, 동시에 바이브레이션 효과로 피부 세포재생과 리프팅에도 관여한다.

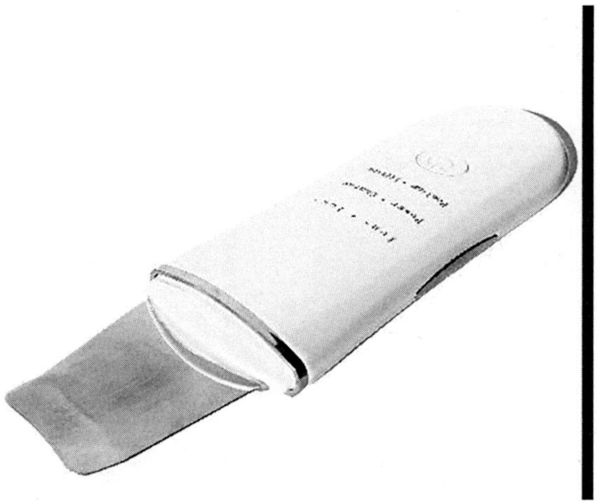

▲ 스킨스크러버(skin scruber) 〈출처: https://m.blog.naver.com〉

<사용법>

① 클렌저를 이용하여 얼굴을 깨끗이 한다.

② 화장수 또는 미네랄 워터를 바른다.

③ 프로브를 세우고 피부 바깥쪽에서 안쪽으로 문질러준다. 자극이 강하지 않도록 한다.

④ 너무 빠르거나 느리지 않게 적용시킨다.

⑤ 관리시간은 10분 정도로 하고 한 부위에 5초 이상 머무르지 않고 계속

이동해야 한다.

⑥ 염증, 상처부위, 심장질환자, 전염성 피부질환자, 악성종양, 신체에 금속을 삽입한 자는 적용하지 않도록 한다.

⑦ 관리 후 헤드는 알코올 솜으로 소독 후 보관한다.

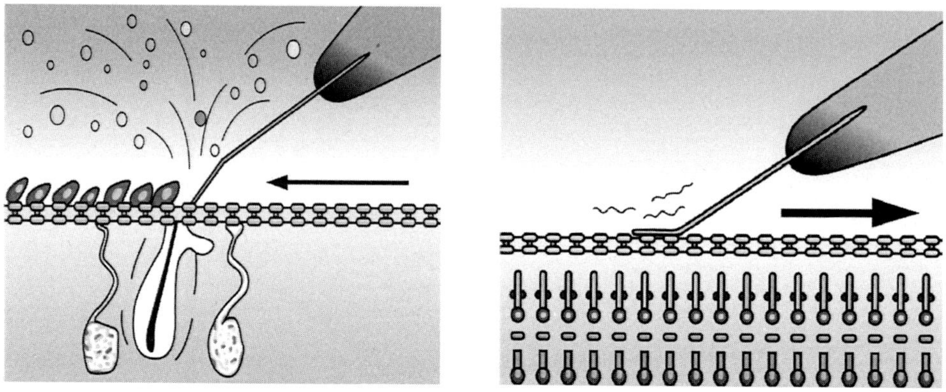

●**세정기능** : 각질 제거 시　　●**이온도입기능** : 화장품 영양 성분 침투 시

▲(주)정훈기공 사용 설명서

(4) 디스인크러스테이션(Desincrustation)

갈바닉 전류의 원리를 이용한 전기 세정법을 말한다. 갈바닉 전류는 1mA의 미세 직류로 한 방향으로만 흐르는 극성을 가진 전류로 같은 극끼리는 밀어내고 다른 극끼리는 끌어당기는 성질을 이용한 원리이다. 디스인크러스테이션은 음극봉이 활동 전극봉이 되며, 생성된 알칼리는 피부 표면의 피지와 각질세포, 노폐물을 배출시켜 세정효과를 제공하는 딥클렌징 방법이다.

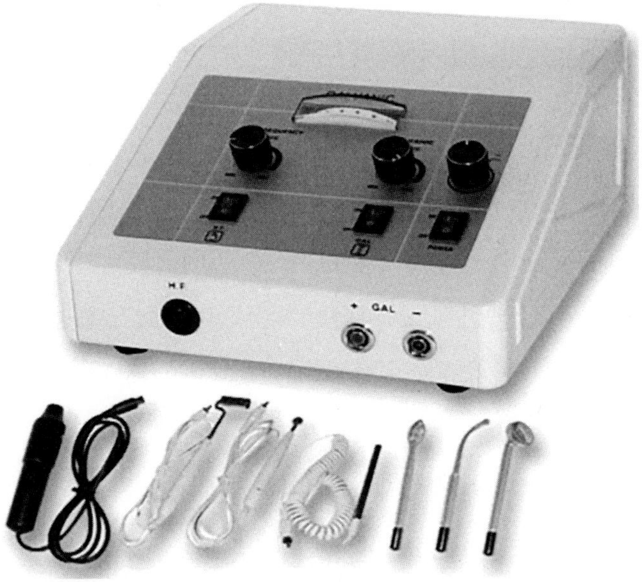

▲ 디스인크러스테이션(Desincrusatio)
〈출처: https://m.blog.naver.com/mresthetic/222019938056〉

<사용법>

① 고객에게 (+)극의 봉을 잡게 하고, 시술자는 (-)극의 핀셋 도자를 사용한다.

② 핀셋 도자에 젖은 솜을 얇게 감는다.

③ 고객의 피부에 알칼리 용액으로 가볍게 바른다.

④ 고객의 피부 위에 기기를 댄 후 스위치를 켜서 관리 시작한다.

⑤ 0.4mA~0.6mA의 미세 전류를 얼굴에 3~7분 정도 적용한다.

⑥ 적당한 압을 이용하며 강도 조절 시에는 한 단계씩 올린다.

5 딥클렌징 시 주의사항

① 지나친 딥클렌징은 유분과 수분을 잃을 수 있어 민감성 피부로 만들 수 있다.

② 각질 제거 후 직사광선에 노출되면 멜라닌 색소가 과다 생성되므로 반드시 자외선 차단제를 꼭 발라주도록 한다.

③ 수술 후에는 수술 부위가 완전히 아물기 전까지 시술하지 않는다.

④ 화상부위, 민감성 피부, 염증, 농포, 상처 부위에는 하지 않는다.

03 CHAPTER 마사지(Massage)

1 마사지의 어원

마사지의 어원은 각국 학자의 견해와 주장이 여러 가지로 '두드리다. 어루만지다.'란 뜻의 아랍어 'Massa'와 손이라는 라틴어 'Manus', '주무르다'라는 뜻의 그리스어 'Masso' 등에서 유래하여 오늘날의 'Massage'라고 명칭이 되었다.

마사지의 역사는 수천 년 전으로, 원시 시대에도 인류는 아픈 곳을 접촉하여 쓰다듬고 문지르고 눌러줘서 통증을 완화시켜 질병을 치료한 기록을 볼 수 있다.

특히 그리스의 히포크라테스는 마사지의 효과에 대해서 경의를 표하였으며, 최초로 마사지 기법에 대해 문헌을 통해 언급하였다.

오늘날에는 서양과 동양을 막론하고 마사지 기술이 끊임없이 발전하여 여러 가지 테라피적인 관리기법들이 피부미용에 응용되고 있다.

2 마사지의 목적

마사지는 매뉴얼테크닉이라고도 하며, 매뉴얼테크닉은 화장품을 매개체로 손을 이용하는 관리로 쓰다듬기, 문지르기, 반죽하기, 두드리기, 진동하기 등의 테크닉 동작을 이용하여 피부에 무리한 자극을 주지 않으면서 혈액순환과 신진대사를 활발히 하고 피부의 모든 기능을 증진시키는 것이다.

3 마사지의 효과

① **혈액 순환 효과** : 피부나 근육의 혈행을 좋게 하는 것과 동시에 혈액의 순환을 개선한다. 혈액순환을 향상시켜 산소와 영양공급을 원활하게 해준다.

② **진정 작용 효과** : 근육조직을 이완시키고 통증을 완화시킨다.

신경이나 근육의 기능이 흥분되어 있을 때 기능을 진정시키는 작용을 한다.

③ 피부의 세정작용을 도와 피부를 청결하게 해준다.

④ 임파선의 기능개선, 적혈구, 백혈구 등 혈구 증가, 부종제거 및 혈관의 활성화를 시킨다.

⑤ 마찰에 의해 피부의 온도가 적당히 상승하면 적용된 화장품의 유효물질

흡수력이 높아진다.

⑥ 피부의 호흡개선, 탄성강화, 림프의 활동 강화, 피부를 부드럽고 매끄럽게 한다.

4 마사지의 기본동작

1) 경찰법, 무찰법 : 쓰다듬기

(1) 방법

매뉴얼테크닉의 처음 시작부분과 끝부분의 연결동작에 주로 사용되며, 손바닥 전체를 이용하여 부드럽게 쓰다듬는 동작이다.

신체의 넓은 부위인 등과 가슴, 팔과 다리의 상완부위나 허벅지 및 종아리 부위에 많이 사용된다.

(2) 효과

자율신경계에 영향을 미쳐 피부에 휴식을 주며 정신안정 효과를 준다.

피부 이완 및 진정효과가 있으며, 피부의 노화 각질을 제거하므로 노폐물 배출 효과와 켈로이드 생성 억제효과가 있다.

2) 강찰법, 마찰법 : 문지르기, 마찰하기

(1) 방법

네 손가락의 끝 부분을 이용하여 피부에 나선형을 그리며 자극을 주어 문지르는 동작으로, 변형된 형태로는 비틀기, 꼬집기 등의 동작이 있으며, 원운동을 하는 경우에는 안면 바깥 방향으로 힘 있게 시행하고, 안면 중심방향으로는 가볍게 움직이며 압력을 변화시켜 시행한다.

주로 주름이 생기기 쉬운 부위인 이마, 입가, 눈가에 중점적으로 시행한다.

(2) 효과

모공의 피지 및 노폐물 배출을 용이하게 하며, 건성 피부나 노화 예방에 효과적이다.

피부의 탄력 증가효과와 근육의 유착을 방지하고 근육의 긴장을 이완시키는 효과를 준다.

3) 유연법, 유찰법 : 반죽하기, 주무르기

(1) 유연법 종류

① 강한 유연법

- **폴링**(Fulling) : 양 손가락을 사용하여 피부를 주름잡듯이 시행하는 방법이다.

② 압박 유연법

- **런징**(Wringing) : 양 손을 사용하여 비틀어 짜듯이 행하는 동작이다.
- **롤링**(Rolling) : 양 손바닥을 사용하여 근육을 누르면서 나선형으로 문지르는 동작이다.
- **처킹**(Chucking) : 양 손 또는 한 손을 사용하여 피부를 상하 움직이는 방법이다.
- **니딩**(Kneading) : 근육을 잡고 지그시 누르고, 늘리면서 반죽하는 방법이다.

(2) 방법

다섯 손가락 전체를 이용하여 반죽하는 손동작으로 마사지 동작 중 가장 강한 동작이다.

근육을 강하게 잡았다가 가볍게 반죽하듯이 주무르는 동작이다.

보통 5~10kg 정도의 힘으로 근육을 잡고 주무르기로 힘을 가해 원을 그리듯 움직여서 노폐물을 짜내듯 주무르는 방법도 있다.

주로 턱 또는 뺨 부위에 많이 실시하며, 몸의 지방과 셀룰라이트 관리를 위해 바디에 많이 적용되고 무릎 관절과 머리 부분은 피한다.

(3) 효과

혈관과 림프의 흐름을 촉진시키며, 체내 노폐물을 제거하고 순환을 개선한다. 근육에 탄력성을 부여하여 근육이완, 근육마비, 근육경련, 통증완화에 효능이 있다.

피하조직에 영향을 주어 전신관리에도 효과적이며, 약한 피부와 근육에 탄력을 주는 효과도 있다.

4) 고타법, 타진법, 경타법 : 두드리기

(1) 고타법의 종류

- **태핑**(Tapping) : 아기 피아노 치듯이 손가락을 이용하여 가볍게 두드리는 동작이다.
- **슬래핑**(Slapping) : 손바닥의 측면 부위를 이용하여 살짝 두드리는 동작이다.
- **커핑**(Cupping) : 손가락을 모은 상태에서 오목하게 쥐고 진공 상태로 두드리는 동작이다.
- **비팅**(Beating) : 주먹을 이용하여 가볍게 두드리는 동작이다.
- **해킹**(Hacking) : 손의 측면을 이용하여 두드리는 동작이다.

(2) 방법

손바닥 전체를 이용하거나 주먹을 이용하여 피부를 빠르게 두드리는 방법이다.
유찰법이나 압박법 등의 수기술이 끝난 후에 실시하는 것이 보통이다.
이 시술법은 빠르고 리듬 있게 해줘야 하며, 말초부터 심장 방향으로 행해져야 혈액순환 등에 도움이 된다.

가볍게 두드리는 동작은 화장품의 유효성분 흡수를 돕는데 효과적이다.

(3) 효과

지방 과잉 축적을 막고, 근육의 긴장을 이완시키며, 모세혈관의 순환을 촉진시킨다.

신경과 근육에 원기를 회복시켜줌으로써 근육의 피로를 풀어주고, 피부의 탄력을 증가시킨다. 특히, 호흡기 계통에 문제가 있는 환자에게 많은 도움이 된다.

5) 진동법

(1) 방법

손 끝 또는 손 전체를 사용하여 피부에 리듬감 있는 진동을 주는 방법이다.

가볍고 부드럽게 진동하여 피부에 빠르고 고르게 떨어주는 방법이다.

고객에게 시원한 느낌을 주며 강한 효과를 주기 위해 진동기계를 사용하는 방법도 있다.

효과적인 마사지를 위해 시작과 마무리에 사용하면 더욱 좋은 효과를 얻을 수 있다.

(2) 효과

무딘 감각과 자율신경에 자극을 주어 감각기능을 향상시키며, 피부의 탄력을 좋게 해주고 림프순환 및 혈액순환을 촉진시켜준다. 근육과 피부에 긴장을 이완시키고, 진정효과를 준다.

6) 압박법

(1) 방법

엄지손가락이나 손바닥 전체를 사용하여 혈점을 자극하는 방법이다.

심장으로부터 먼 곳에서 부터 실시하며 통증을 느끼지 않도록 하고, 3~5초간 지그시 누르는 것이 좋으며, 고객과 호흡을 맞추는 것이 가장 중요하다.

가볍고 빠른 압박은 근육에 자극을 주어 근육의 기능을 증진시키고, 지속적인 압박은 이완 및 진정효과를 줄 수 있다.

※ 피부미용사 국가자격증 실기 시험에서는 압박법은 사용하지 않는다.

(2) 효과

근육의 기능은 증진 및 통증을 완화시키는 효과가 있으며, 감각을 활성화 시켜주어 근육 경련에 도움을 준다. 긴장을 줄여주고 내장기능을 회복시키는 효과가 있다.

5 매뉴얼 테크닉 관리

1) 매뉴얼 테크닉의 중요한 요소

(1) 방향

마사지의 방향은 안에서 밖으로, 근육결을 따라서 아래에서 위로 실시한다.

주름을 예방하려면 근육결 방향으로 동작을 실행한다.

(2) 속도와 리듬

고객의 맥박이 뛰는 빠르기로 맞추며, 일정한 리듬감을 갖춰주어야 한다.

지나치게 빠른 동작은 표면적 효과만을 주며, 휴식과 안정감을 주는 효과는 없다.

(3) 압력

피부의 상태와 고객의 느낌에 따라 강약의 압 조절을 적절히 하며, 피부의 자극을 주지 말아야 한다. 세기가 강하면 얇거나 예민한 피부는 모세혈관과 림프관 등 결체조직이 파손될 수 있다.

(4) 시간

일반적으로 지속시간은 10~15분간 실행하는 것이 좋다.

피부유형이나 피부의 상태에 따라 횟수와 동작을 적절히 조절하여 사용한다.

예민한 피부와 여드름 피부는 오랫동안 마사지하면 자극을 줄 수 있으므로 주의한다.

(5) 자세

관리사는 올바른 자세로 관리를 하여, 피로를 감소시키고 고객에게 안정감과 편안함을 줄 수 있도록 한다.

(6) 매개체

마사지 동작의 유연성과 마찰에 의한 피부자극을 줄이기 위해 사용하는 크림, 오일, 로션 등을 피부타입에 맞는 제품을 선택하여 관리하며, 효과를 높이기 위해 큰 타올과 베게, 침대 등은 중요한 매개체이다.

2) 매뉴얼 테크닉시술 시 유의사항

① 관리사는 성의 있는 태도로 관리한다.

② 주변 환경은 조용하고 청결하며, 편안한 상태로 고객이 충분한 휴식을 취

할 수 있도록 한다.

③ 관리사의 손은 항상 따듯하게 하고, 부드럽게 관리한다.

④ 관리사의 청결에 유의한다.

⑤ 관리사의 반지, 팔찌 등 액세서리 착용을 금하며, 손톱에 에나멜을 바르지 않는다.

⑥ 마사지 제품은 고객의 피부 유형에 맞게 사용하며, 눈이나 코, 입 등에 들어가지 않도록 한다.

⑦ 고객의 개인차에 따라 압 조절을 한다.

⑧ 마사지 시 고객과의 대화는 가급적 피한다.

3) 매뉴얼 테크닉을 받기에 부적합한 피부와 삼가야 하는 피부

(1) 부적합한 피부

예민한 피부, 심각한 여드름 피부, 생리 전후, 상처가 심할 경우, 각종 피부 질환이 있는 경우, 피부에 홍반현상이 나타났을 경우

(2) 삼가야 하는 피부

임산부의 가슴, 배 마사지, 외상, 염증 또는 피부 외부 질환, 화장품 부작용, 알레르기 반응이 있는 경우

6 안면 매뉴얼 테크닉을 위한 근육과 기능

1) 안면근육의 종류

① **후두전두근** : 두피를 이루는 근을 두피근이라고 하는데, 중심이 되는 것은 전두근과 후두근이다. 이들은 근을 두정부에서 모상건막으로 서로 연결되어 있기 때문에 후두전두근이라고 부른다. 이마에 주름을 만드는 역할을 하고, 두피의 주름 형성 및 이맛살을 편다.

② **측두근** : 부채 모양의 강한 근육으로 교근과 함께 하악골을 위로 당겨 입을 다물게 하고, 음식을 씹을 때 턱을 움직이게 하는 역할을 한다.

③ **안륜근** : 안와의 내벽측에서 시작하여 안와 주위의 피부에 둥글게 부착되어 있다.

안면신경이 지배하며, 눈을 감거나 뜨게 한다.

④ **추미근** : 미구의 내측 끝에서 시작하여 안와궁의 중앙저부를 덮고 피부의 심층에 부착한다.

미간 좌우에 주름을 만든다.

⑤ **비근근** : 비골하부를 덮고 있는 근막과 외측 비연골의 상부를 덮는 근막에서 시작하며, 콧구멍을 넓게 만들거나 코 위를 주름지게 한다.

⑥ **대관골근 & 소관골근** : 위쪽으로는 광대뼈에 부착, 아래쪽으로는 입 둘레근 섬유와 합쳐지는 양쪽 입의 모서리에 있는 조직에 부착되어 있고, 윗입

술과 입술 끝을 들어 올리는 역할을 하며, 웃을 때 쓰인다.

⑦ **협근** : 상 · 하악골의 치조돌기에서 시작하여 구각에서 정지하는 볼 근육으로 뺨에 위치한다.

성난 표정을 만들거나 웃을 때 쓰인다.

⑧ **구륜근** : 피부와 입의 점막층 사이에 위치한다. 입을 다물거나 앞쪽으로 내밀게 한다.

⑨ **교근** : 위턱의 광대돌기와 광대활에 부착, 아래턱가지의 1/2에 부착되어 있고 치아를 꽉 물면 귀의 앞면과 하악각 외측에서 느낄 수 있는 인체에서 가장 강한 근육이며, 아래턱을 올리는 역할을 한다.

⑩ **상순거근** : 하안와연의 내측에서 시작하여 윗입술의 내측부에 정지하고 구각을 위나 밖으로 당기는 역할을 한다.

⑪ **소근** : 교근 근막에서 시작하여 구각에서 정지한다. 볼에 보조개를 만든다.

⑫ **하순하체근** : 하악골의 이공부에서 시작하여 아랫입술에서 정지하고 아랫입술을 하내방으로 당겨 입을 삐죽 내미는 역할을 한다.

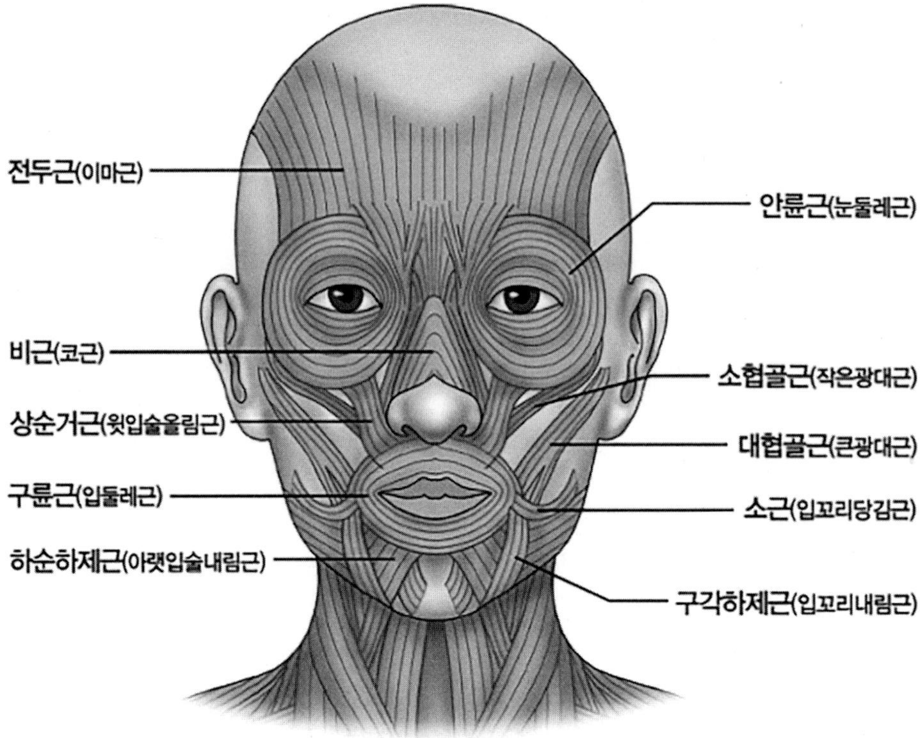

▲ 얼굴근육 〈출처: https://finebone.tistory.com/8669536〉

7 마사지의 종류

1) 스웨디시 마사지

스웨디시 마사지는 체육적인 스트레칭과 인체에 관한 과학적이고 체계적인 교육시스템을 통하여 세계적으로 보급되었다. 세계 3대 마사지 중 하나로 가장 기초적인 마사지이며, 과학적이고 체계화된 발전적인 방법으로, 편안한 상태에서 근육을 이완시키는 부드러운 마사지이다.

6가지 동작을 각 부위에 다양하게 적용하며, 현재 적용되어지고 있는 스포츠 마사지, 임산부 마사지, 유아 마사지 등의 모체가 된다. 효과는 혈액순환 촉진, 노폐물 배농, 관절과 근육통증 완화, 신경이완, 산소공급 활성화, 적혈구와 백혈구 증강, 피로회복, 스트레스 완화, 자율신경계 조절, 지방연소, 엔도르핀을 방출하여 자연치유력을 돕는다.

마사지 압의 강도는 근육을 움직이는 정도로 하며, 애플라지 동작은 주로 마사지의 시작 시점과 마지막 끝나는 시점에 실행한다. 동작은 심장 쪽을 향하여 실행하도록 한다. 예를 들어 발에서 대퇴부로, 손에서 팔뚝 쪽으로 실행한다.

(1) 기본동작

① 애플라지, 스트로킹(Effleurage, Stroking)

애플라지 동작은 신체의 큰 근육에 사용하며, 손바닥을 컵 모양으로 둥글게 하여 피부 표면을 부드럽게 마사지한다. 마사지 압의 강도는 진정과 안정감을 주는 목적으로 비교적 가볍고 부드럽게 한다. 주로 마사지 시작 시점이나 끝나는 시점에 몸의 여러 부분(다리, 등, 팔)에 실행한다.

② 패트리사지(Petrissage)

근육과 피부조직을 압착하고 주무르는 방법을 말한다. 이 마사지 방법의 목적은 혈관을 확장시키고, 결체 조직의 부기를 해소하여 근육통을 완화시키고 피부의 톤을 밝게 하며 피부의 탄력성을 준다.

③ 탑포먼트(Tapotement)

경타법은 폐와 같은 기간과 큰 근육에 빠르고 리듬감 있게 적용하여 혈관을 확장시키며, 피부에 혈액 공급을 촉진시키고 감각기관을 자극시켜준다.

④ 바이브레이션(Vibration)

바이브레이션은 몸이나 어느 특정 부위를 리드미컬하게 움직여주는 동작을 말한다. 이 마사지의 목적은 강한 자극 후나 스트레칭 후 고객에게 안정감과 부드러움을 주기 위해 실행한다.

⑤ 스트레칭(Stretching)

고객의 유연성을 고려하여 행한다. 스트레칭의 효과는 유연성 증가와 관절의 신전을 더 늘려 부상의 위험을 막아주고 혈액순환을 촉진시켜 근육 경련을 줄인다.

(2) 효과

① 혈액, 림프 순환 및 신진대사 촉진
② 스트레스 완화
③ 헤모글로빈과 적혈구 생산을 촉진

(3) 금기사항

① 종양이나 궤양이 있는 경우
② 골절이나 피부에 상처가 있는 경우
③ 민감성 피부
④ 임신 중인 경우
⑤ 정맥류가 있는 경우

2) 림프드레나지

림프 마사지는 림프가 흐르는 방향대로 림프절을 자극하여 노폐물을 배출시키는 방법이다. 림프는 모든 마사지의 기본이며, 림프의 흐름을 정확히 파악하고 림프절이 집중적으로 모이는 터미누스, 액와부, 서혜부를 통해 심장으로 배출하도록 림프의 방향대로 마사지를 한다. 림프의 흐름은 상복부에서는 액와 방향으로, 하복부에서는 서혜부 방향으로 마사지를 한다. 자율신경계 균형유지, 부종해소, 혈액순환 촉진, 심리적인 진정효과, 면역기능 상승, 노폐물 배농, 근육이완, 비만에 효과, 항상성을 유지시킨다. 적용대상은 수술 후의 상처회복, 여드름 피부, 홍반 피부, 아토피 피부, 민감성, 모세혈관 피부에 적용하면 좋다.

(1) 기본동작

① 고정원 그리기(Stationary Circles)

손바닥이나 손가락의 끝을 사용하여 원을 그리는 동작으로 한 부위에 여러 번 반복하여 실행하고 림프액이 흐르는 방향으로 목이나 얼굴, 주요 림프절 부위에 적용된다.

② 펌프(Pump Technique)

손바닥의 전면이 피부에 완전히 닿도록 손 모양을 컵 모양으로 만들어 피부를 신장시키고 이완시키면서 림프액이 흐르는 방향으로 적용한다. 주로 팔이나 다리에 적용된다.

③ 근육을 떠서 올리기(Scoop Technique)

스쿱은 아이스크림을 한 스쿱, 두 스쿱 뜬다는 뜻으로, 이 동작은 근육을 한

주걱씩 뜨는 느낌으로 실행하며, 엄지는 축이 되어서 움직임을 만들고 손목에는 코르크 마개 뽑는 것과 같은 동작으로 실행한다. 시지의 중수지 관절이 축이 되는데 바닥면이 충분히 피부에 접촉될 수 있도록 하며, 그 상태에서 최대 신장을 유도한다. 주로 팔이나 다리에 적용된다.

④ 로터리(Rotary Technique)

손바닥을 편 상태에서 피부를 팽팽하게 늘려주고, 엄지는 림프액이 흐르는 방향으로 원형의 동작을 만들어 피부를 당긴다. 주로 흉곽, 등, 둔부, 복부에 적용된다.

(2) 효과

① 독소 및 노폐물을 제거하고 부종을 해소한다.
② 혈액순환을 촉진시켜 면역기능을 높여준다.
③ 근육을 이완시킨다.

(3) 림프드레나지의 적용 대상

① 민감성, 모세혈관확장 피부
② 아토피 피부
③ 홍반이 있는 경우
④ 화농된 여드름이 많은 피부
⑤ 여드름이 잘 생기는 피부

⑥ 부종
⑦ 수술 후의 상처 회복

(4) 림프드레나지의 금기사항

① 악성, 만성 급성적인 염증이 있는 경우
② 전염성의 문제가 있는 피부
③ 영역에서 판단되는 부종이 있을 경우
④ 임신한 경우 최초 3개월까지는 금한다.

3) 아로마테라피

아로마테라피를 이용한 마사지는 건강한 미를 향상시키기 위하여 식물에서 추출한 에센셜 오일을 마사지와 병행하여 사용하는 것을 의미하며, 아로마테라피를 이용한 마사지는 식물의 종류에 따라 모두 향과 효능이 다르기 때문에 고객 마사지 시 고객의 상태에 따라 많이 활용되고 있다. 에센셜은 추출부위에 따라 효능이 다르며, 에센셜 추출방법에는 증기증류법, 압착법, 용매 추출법, 이산화탄소 추출법, 냉침법, 온침법등 5가지가 있으며, 에센셜 휘발성에 의한 분류는 탑 노트, 미들 노트, 베이스 노트 3가지가 있다. 혈액순환 개선하며, 수렴효과, 진정작용, 항염증, 면역계증강, 신경계 증강, 탈모방지, 혈액정화 등 다양한 효능이 있다.

(1) 에센셜의 추출부위

① **꽃** : 자스민, 로즈, 일랑일랑, 오렌지 꽃, 네롤리

② **잎** : 티트리, 페티드그레인, 패츄리, 유칼립투스, 타임, 레몬그라스

③ **나무** : 시더우드, 샌달우드

④ **과일** : 레몬, 베르가못, 만다린

⑤ **열매** : 펜넬, 블랙페퍼, 주니퍼

⑥ **수지** : 프랑킨신스, 몰약(미르)

⑦ **뿌리** : 베티버, 진저

(2) 에센셜의 추출 방법

① 증기 증류법

이 방법은 가장 경제적인 방법으로 널리 실행되고 있다. 식물의 종류에 따라 수확하자마자, 혹은 약간 말린 상태에서 꽃, 줄기, 껍질, 씨, 풀 등 채유한 식물에 증기를 넣어 에센셜을 수증기와 함께 유출하는 방법이다.

② 압착법

레몬, 오렌지, 그레이프프루트, 베르가못, 라임, 만다린 등의 감귤류 에센셜 오일을 짜내는 방법이다.

③ 용매 추출법

이 방법은 아세톤이나 알코올 등의 휘발성 혹은 비휘발성 용매를 사용하여 추출하는 방법으로 식물과 솔벤트와 함께 비교적 낮은 온도에서 가열하여 추출한 후 솔벤트를 제거하여 얻어내는 방법이다.

④ 이산화탄소 추출법

이 방법은 비용이 많이 들고 복잡한 기구가 사용되므로 비싸기도 하지만, 우수한 오일을 만들어 낼 수 있는 장점이 있다. 액체 상태의 이산화탄소를 용매로 이용하여 열에 특히 약한 오일의 추출에 이용된다.

⑤ 냉침법

로즈, 자스민 등의 꽃으로부터 가장 고품질의 오일을 얻어내기 위해 지방을 사용하는 방법이다. 지방이 도포되어 있는 틀에 꽃잎이나 다른 물질을 놓아둠으로서 얻어진다.

⑥ 온침법

식물 원료를 산화가 덜 되는 선플라워 오일 또는 아몬드오일과 같이 향기와 독성이 없는 식물성 오일 안에 넣고 따듯한 곳에 일정 시간 놓아두면 오일에 식물 원료로부터 향기와 성분이 녹아 베이스오일에 희석된다.

(3) 에센셜의 휘발성에 의한 분류

에센셜은 휘발율에 따라 세 가지로 분류할 수 있다.

① 상향

효능이 가장 빠르고 쉽게 증발하는 특징이 있다.

예 레몬, 바질, 베르가못, 클라리세이지, 유칼립투스, 그레이프프루트, 라벤더, 레몬그라스, 오렌지, 티트리

② 중향

탑 노트(Top Note)와 베이스 노트(Base Note)의 중간 정도의 작용을 갖는다.

예 캄파, 시더우드, 사이프러스, 제라늄, 주니퍼베리, 마조람, 팔마로사, 로즈마리, 로즈우드

③ 하향

증발력은 가장 느리며, 오일이 대체적으로 무거운 느낌이 난다.

예 패츄리, 샌달우드, 자스민, 로즈

(4) 효과

① 혈액순환 촉진

② 세포재생 효과

③ 신경계, 순환계, 소화계, 면역계 증강

④ 항염증, 항바이러스 작용, 항박테리아 작용, 항스트레스
⑤ 진정작용
⑥ 수렴효과

(5) 아로마테라피 적용 시 주의사항

① 에센셜 오일과 캐리어 오일의 용량을 정확히 지켜야 한다.
② 먼저 고객의 팔 안쪽에 패치 테스트를 해서 피부 알레르기가 있는지를 확인한다.
③ 감귤류와 같은 오일은 색소침착의 우려가 있는 감광성 오일이므로 낮 동안의 관리 시에 주의한다.
④ 임산부나 고혈압, 간질 환자에게 사용해서는 안 되는 오일은 금한다.
⑤ 영아에게 사용해서는 안 되며, 어린이에게 사용 가능한 오일을 선택해서 사용해야 한다.
⑥ 오일은 차광 병에 보관된 것을 사용하고 직사광선이나 열, 빛이 있는 곳에는 두지 않는다.
⑦ 대부분 에센셜을 단독으로 피부에 직접 바르지 않도록 한다.

4) 경락 마사지

경락은 경맥과 낙맥을 통틀어 말하는 것으로 전신의 기와 혈이 순환하며 장부와 사지관절을 연결하는 경로이다. 인체의 모든 장부와 근, 육, 맥, 골 등을

연결하여 하나의 통일된 유기체로 만들어주는 생명선을 의미한다. 약을 쓰지 않고 건강을 유지하려는 대체의학 방법 중의 하나로 사용되어져 내려오는 경락은 한의학에서 기의 통로로 여기는 기와 혈을 마사지로 자극하여 질병을 치료하는 방법이다. 인체는 간장, 심장, 비장, 폐, 신장인 오장과 심포로 되어 있고, 담낭, 소장, 위장, 대장, 방광, 삼초의 육부 되어 있으며, 또한 인체의 전연을 순환하는 임맥과 후연을 순환하는 독맥, 그리고 앞의 육장육부를 합하여 14경맥이라 한다. 경락은 기혈이 운행되는 통로로써 주로 표리, 상하, 좌우를 소통시키고 장부 및 기관을 연결하며, 기혈을 운행한다. 장부조직에 영양을 공급하고 감각반응을 전달하며, 인체 각 부분의 기능을 조절한다. 즉, 경락은 인체를 순환하는 생명에너지인 기의 길이며 인체의 상하, 좌우가 흘러 만나는 점을 경혈이라 부른다. 365개의 주 경혈과 새로 발견된 신혈, 기혈을 모두 합쳐 1,000여 개가 있다. 경혈은 쌍으로 이루어진 것과 단혈로 이루어진 것이 있는데, 12경락은 쌍혈이며, 임맥과 독맥은 단혈로 이루어져 있다.

우리 몸은 음과 양의 이중적 흐름으로 되어 있는데, 육장은 음이요 육부는 양의 흐름으로 되어 있다. 이 두 개의 흐름과 14경맥의 흐름이 원활할 경우 인체의 기혈이 좋아져 건강해지며 흐름이 원활하지 않을 경우에는 기혈의 흐름이 막혀 육장육부의 내장에 이상이 생기는데, 이러한 나쁜 현상은 몸 밖으로 표출되어 피부, 근육 등에 나쁜 영향을 미친다.

다시 말하면 경락은 인체조직과 장기와 밀접한 연관관계를 갖고 있으며, 생리기능과 병리현상에 중요한 기능을 담당하고 있다. 그러므로 경락 마사지 시행 시 기혈의 흐름을 도와 각 기관과 장기의 움직임을 원활하게 해줌으로써 세포를 활성화시켜 조직 간의 상호작용을 도와 인체의 항상성과 저항력을 높여 모발의 성장과 피부 및 근육을 단단하게 하는 긍정적 효과가 있다.

(1) 경락의 기원

경락은 역대 동양 최고의 고서적 중 현존하는 의학서적인 황제내경에 2천년 전부터 그림으로 기록되어 왔다. 고대의학의 기초개념과 전반적인 내용들이 기록되어 있고 경락의 시술방법 등 구체적인 방법이 기술되어 있다고 한다.

(2) 경락의 분류

① **경맥** : 12경맥, 12경별, 기경팔맥, 12경근

② **낙맥** : 15낙맥, 손락, 부락, 혈락

(3) 경락의 작용

① **생리적 작용** : 기, 혈을 운행시켜 전신에 영양을 공급하며, 외사에 저항하여 기체를 보호한다.

② **병리적 작용** : 외부에서 침입한 병사는 경락을 통해 내부로 침입하게 되고, 이는 장부로 연결되어 각종 병리적 증상을 나타내게 된다.

(4) 12경락의 유주

- 기의 순행에는 일정한 순서가 있는데 이를 경락의 유주라 한다.
- 수태음폐경 → 수양명대장경 → 족양명위경 → 족태음비경 → 수소음심경 → 수태양소장경 → 족태양방광경 → 족소음신경 → 수궐음심포경 → 수소양삼초경 → 족소양담경 → 족궐음간경

(5) 효과

① 기혈의 순환

② 갑상선의 기능 조절 및 면역력 증진

③ 통증 완화

④ 근육의 운동효과

⑤ 체지방 분해 및 독소배출 효과

⑥ 호르몬 대사 촉진

(6) 경락마사지의 금기사항

① 만성염증성 피부질환이 있는 경우

② 전염성, 궤양성 질환이 있는 경우

③ 식후 1시간 이내 경락 마사지는 금한다.

④ 생리 시작 후 2~3일간은 생리 양이 많으므로 피한다.

⑤ 임신한 경우와 정맥류가 있는 경우는 금한다.

5) 아유르베다 마사지

인도의 총체적인 의학에 기초하여 질병 없이 건강하고 행복하게 살 수 있도록 도와주는 자연식이요법과 약초요법을 말한다.

인도 고대의 전통의학인 아유르베다에서는 질병이 발생하는 원인을 체내에 쌓인 독소 때문이라고 보았다. 질병의 치유를 위해 먼저 독소를 제거하는 것이

행해지면서 현재의 아유르베다 마사지가 현재까지 존재하는 것이다.

정화요법인 '판차 카르마' 즉, '판차'란 다섯을 '카르마'란 행위를 뜻하는 5가지 정화요법과 따듯한 천연 허브 오일을 사용하여 신체의 에너지를 회복시켜 몸과 마음, 정신을 편안하고 행복하게 해주는 마사지이다. 이 마사지는 인체의 기능과 완벽한 균형을 유지하기 위한 기술을 다루고 있다. 적용대상은 만성피로증후군, 탄력이 저하된 노화피부, 질병이 있는 경우이다.

① 나쟐

이비인후과 계통의 질병에 효과적인 정화법으로 약물을 코와 귀에 떨어뜨려 몸을 정화시키는 요법

② 바마나

과잉 카파로 인한 축농증과 같은 코의 질병과 결핵, 기관지염, 천식, 당뇨병에 효과가 있는 의학적인 구토요법으로 처방된 약물을 500ml~1,000ml를 마시게 하여 구토하게 함으로써 질병을 치료하는 요법

③ 비레차나

과잉된 피타를 제거하기 위한 소화계통의 질환과 대장이상 질환에 효과적인 처방된 약물을 500ml~1,000ml 마시게 하여 배변을 통해 몸을 정화시키는 요법

④ 바스티

과잉된 바타를 제거하기 위하여 약물을 항문에 투입하여 관장하는 요법으로 몸의 질환을 정화하는 요법

⑤ 락타모크샤

중풍이나 빈혈, 혈액계의 질환 등은 머리와 목에 외과적인 방혈을 하는 요법

(1) 아유르베다 마사지 프로그램

아유르베다 마사지 프로그램은 피지칠, 나바라키치, 시로다라, 시로바스티, 우드바타남 ,아비앙가, 키치 등이 있다.

① 피지칠

관리자 두 사람이 양쪽에서 동시에 시술하며, 약 15일간 따듯한 오일을 이용하여 45~60분 정도 시술한다. 관절염, 순환계통의 통증 해소에 효과적이다.

② 나바라키치

쌀을 익혀 천 주머니에 넣고 끈으로 묶은 것과 우유와 약재를 혼합하여 만든 것을 따듯한 오일에 적셔 매일 45~60분 정도 두드려주며 관리한다. 문제성 피부와 수족 냉증 및 비만증에 효과적이다.

③ 시로다라

고객의 양 미간 사이에 따듯한 아유르베다 오일을 떨어뜨리는 방법으로, 약

7일간 40분 정도 적용한다. 신경계의 이상증과 스트레스 해소 및 두통에 효과적이다.

④ 시로바스티

가죽으로 된 긴 모자를 고객의 머리에 씌운 후 약 7일간 15~30분 정도 적용한다. 두통 및 이비인후과 계통의 질환에 효과적이다.

⑤ 우드바타남

건조한 피부에 약초 파우더를 발라 강하게 문질러 약 20일간 매일 40분 정도 마사지한다. 카파가 우세한 비만증 및 셀룰라이트에 효과적이다.

⑥ 아비앙가

아비앙가는 수면부족의 피로로 인한 근육통을 해소하는 혈액순환 마사지로 두 명의 관리사가 동일한 테크닉을 리드미컬하게 시술한다.

⑦ 키치

관절염, 척수염 등에 효과적으로 달인 약초를 천 주머니에 싸서 관절 부위에 두드리며 마사지하는 요법으로 1주일에 3~4회 10분 정도 적용한다.

(2) 적용대상

① 만성피로증후군
② 탄력이 저하된 피부
③ 신경이 민감한 경우 및 질병이 있는 경우

(3) 아유르베다의 철학 사상

① 자연관과 인간관

아유르베다는 고대 인도어인 산스크리트어로 Ayur와 Veda의 합성어로 "삶의 지식", "생명의 지혜", "생명의 의학"이라는 뜻으로 인류 3대 경전 중 하나인 베다경전에서 문헌적 자료를 찾아볼 수 있다.

인간은 누구나 질병에 대응하는 회복력을 갖고 스스로 질병을 예방, 치료할 수 있는 능력을 갖는데, 아유르베다는 이 능력을 찾고 개발하여 질병을 예방 치료하는데 도움을 주는 자연이유요법이라고 말할 수 있다.

아유르베다 의학이 현대의학과 다른 점은 일시적 원인을 제거하여 눈에 두드러진 것만을 치료하는 방법과는 다르게 질병을 일으키는 뿌리를 찾아 손상된(불균형) 도샤(독소)를 제거하고 건강을 회복시켜줌으로써 질병을 예방, 치유하여 점진적이고 꾸준한 안정을 준다.

② 인도의 사상으로 본 트리도샤 이론

트리토샤란 인간을 구성하는 기본 요소인 에테르, 공기, 불, 물, 흙의 요소가 인간의 육체 안에서 세 가지의 기본적인 성분, 혹은 기질로 인간이 태어날 때

부터 갖고 태어남으로써 기질적 특성은 이미 형성되어 후천적으로 변화하지 않는다. 즉, 트리도샤는 신체의 균형을 맞추긴 하지만 물질적인 면에 속하지는 않으므로 눈에 보이거나 느껴지는 것은 아니다. 아유르베다의학에서의 건강은 균형 잡힌 트리도샤에 의해서라고 강조하고 있으며, 이것들이 몸 밖으로 지속적으로 흐를 수 있도록 해줌으로써 건강을 얻을 수 있으며 그것들은 육체 안에서 나타나 몸 밖으로 방출한다. 그러므로 몸 안에 흐르는 5요소 중 어느 성향이 많으냐에 따라 기질과 체질이 결정지어져 인간의 신체구조, 건강, 성향 등을 결정지으며, 이 다섯 가지 기본 요소 에너지의 조화가 불균형일 때, 질병이 생기는 것이며 무병장수의 비결은 바다, 피타, 카파 세 가지 도샤의 균형과 조화를 유지하여야 한다.

6) 타이마사지

태국의 전통 마사지로서 바람 통하고, 따뜻한 환경에서 실시하는 급하지 않고 편안한 건식 마사지이다. 인도의 요가 영향을 받았으며 중국 추나와 비슷하다. 편안한 복장으로 바닥의 매트리스에서 행해지며, 몸의 유연성을 높여주는 마사지이다.

타이마사지 이론에 의하면 인체에는 10개의 "센"이라는 통로가 있는데, 인체의 질병을 유발하는 물질이 이 통로를 타고 흐르며 질병은 기의 부조화로 독소가 정체됨으로 인해 생기는 것이므로 긍적적인 타이마사지 효과로 질병을 개선, 치유한다고 한다.

(1) 타이마사지의 역사

약 2500여 년 전 인도의 '자바카 쿠마가 바챠'라는 승려에 의해 아유르베다 의학의 요가와 명상부분 중 일부가 태국으로 전해지면서 불교의 선과 덕을 바탕으로 다양한 치유동작과 어우러져 새로운 고유의 마사지로 자리 잡게 되었다.

(2) 타이마사지의 원리

명상과 호흡을 통하여 정신과 몸 그리고 마음을 통일시킨다. 근육의 긴장된 부위를 당기거나 밀어주기, 문질러주기, 두드리기 등으로 인체의 리듬과 균형을 갖게 한다.

(3) 타이마사지의 효과

① 시술자와 피술자 모두의 신체에 스트레칭 효과
② 근육에만 영향을 미치는 것이 아니라 신체 내부의 에너지 균형에 긍정효과를 가져오므로 인한 신체 밸런싱 효과
③ 오장육부의 장부 및 피부와 근육, 골격, 관절을 강화시킨다.

7) 안마와 시아추 마사지

중국의 '안마'는 경락 마사지와 더불어 고대 문헌에 의하면 5,000년의 역사를 갖는다고 보고된 바 있으나, 그 년도에 관해서는 정확하게 알 수는 없다. 다만 아주 오래 전부터 구전 전승되어 온 민간 수기요법으로 자리 잡은 이래 오랜 세월 동안 근육통, 신경통, 피부와 근육의 이상 및 관절 치료와 피로 회복 등의 효능이 있는 것으로 알려져 사용되고 있는 것으로 현재는 전문 스파 숍 및 에스테틱 분야에서의 활용도가 많다. 이러한 안마가 일본으로 건너가 '시아추'라는 용어로 불리게 되어 발전되었으며 중국의 '안마'와 일본의 '시아추'는 오일을 사용하지 않는다.

일본의 대표적인 지압 마사지이며, 대표적인 동양의 전통 수기요법, 경락의 경혈점을 자극하여 기(氣)의 원활한 흐름을 도와주는 마사지로 수직 압으로 근육이 굳은 정도에 따라 힘을 가한다. 한국의 경락 관리와 같은 맥락의 마사지이다.

다만, 가벼운 옷 위에서 엄지 혹은 수근 부위로 시술한다. 시술 시에는 호흡을 매우 중요시하며 정해진 혈점에 5~10여 초를 머물러 지그시 5~6회 누른 후 같은 부위를 다시 5~6회 비벼 문질러 준다. 호흡을 할 때는 코로 숨을 깊게 들이마신 후 입으로 후~하고 길게 내쉰다.

(1) 효과

① 독소 및 노폐물을 제거한다.

② 혈액순환과 기혈순환을 촉진시킨다.

③ 근육의 이완을 도와서 유연성을 갖게 한다.

(2) 적용대상

① 만성피로증후군
② 근육 결림과 오십견 등의 근육통증
③ 기, 혈순환 이상으로 인한 혈액순환 부조화

(3) 금기사항

① 악성, 만성 급성적인 염증이 있는 경우
② 골절 및 척추이상 증상이 있는 경우
③ 임신 중(최초 3개월까지는 절대 금지)

8) 발반사 마사지

(1) 반사요법의 역사

반사요법은 약 5000년 전부터 구전 전승되어 내려오던 것을 현대에 들어 재정립한 건강요법이다. 발에는 7,200여개의 신경이 분포되어 있다. 반사요법은 신경반사 촉진 기능, 혈액순환 촉진 기능, 정맥순환 촉진 기능, 인체의 피로해소 기능, 기의 균형 밸런싱 기능 효과가 있다.

안전하고 장비가 필요 없으며, 남녀노소 누구에게나 시술 가능하고 빠른 시간 내에 효과적이다. 정맥류가 심한 사람이나 임산부, 신장병환자, 혈우병환자,

식후 30분 전, 심한 염증이나 무좀 있는 고객, 음주 후에는 시술하지 않는다.

(2) 발반사 요법의 원리

'반사'란 자극에 대한 무의식적 반응으로 발바닥 안에 인체의 축소판이 자리 잡고 있어 발바닥을 자극시키면 특정부위와 연관된 인체의 기관과 조직이 반응하여 혈액순환과 신경을 통해서 내분비선 또는 근육의 반사운동을 일으키는 현상으로 질병을 예방, 치료하는 요법이다.

(3) 발반사 마사지의 효과

① **신경반사 촉진 기능** : 발에는 약 7,200개의 말초신경이 분포되어 있어 마사지를 통해 자극하면 신경반사에 의해 인체의 내장기관 등 내부기관의 기능을 원활히 한다.

② **혈액순환 촉진 기능** : 인체는 무수히 많은 혈관들이 거미줄처럼 엉켜 각각 기능을 담당하며, 온 몸에 산소 공급과 영양 공급, 혹은 호르몬 공급 등의 일을 하는데 발마사지는 혈액순환대사 시 말초기관까지 혈액순환이 원활하도록 도와주는 역할을 한다.

③ **정맥순환 촉진 기능** : 발을 자극해줌으로써 혈액순환기능 시 혈관벽에 남아있는 노폐물과 가스 등을 신장 등의 배설기관에 옮겨줌과 동시에 말초에 모인 혈액을 다시 심장으로 되돌려 혈액을 정화하는 기능을 하게 하여 맑고 깨끗한 혈액이 온 몸을 순환할 수 있도록 도와주는 역할을 한다.

④ **인체의 피로 해소 기능** : 오랜 시간 서 있거나 피로하면 하체가 부어 온 몸

이 나른하고 피곤하여 두통과 어깨가 무거운데, 이때 발마사지를 하면 발의 피로뿐만 아니라 온몸이 가벼워진다.

⑤ '기' 균형의 밸런스 기능 : 반사구를 자극함으로써 온 몸에 흐르는 건강 에너지의 흐름을 좋게 하여 건강을 증진하는데 도움을 준다.

(4) 발반사 마사지를 금해야 하는 경우

① 정맥류의 발에는 마사지를 금한다.
② 심장질환자에게는 무리한 혈액순환은 심장에 자극을 줄 수 있어 금한다.
③ 무좀 발 및 2차 염증 감염자는 마사지를 피한다.
④ 임신부와 노약자, 유・소아에게는 반사를 강하게 하면 안 된다.
⑤ 수술 및 깁스 후에는 1달 정도 경과 후 마사지를 실시한다.

(5) 발반사 마사지 시 유의사항

① 식후 1시간 이내에는 마사지 하지 않는다.
② 발 마사지 전 시술자는 손을 깨끗이 소독하거나 씻는다.
③ 발반사 마사지는 질병이 없는 건강한 사람에게 건강예방 및 증진효과를 보고자하므로 지나친 압력을 가함으로써 통증을 느끼게 해서는 안 된다.
④ 발반사 마사지 시 발의 인대나 뼈를 지나치게 자극하지 않도록 한다.
⑤ 발반사 마사지는 손, 나무 막대, 옥봉 등 발을 자극할 수 있는 부드러운 도구를 다양하게 이용할 수 있으나 지나친 피부자극으로 염증을 일으킬 수 있는 도구는 피한다.

⑥ 마사지가 끝난 후 미지근한 물 500cc를 마시게 하거나 녹차 등과 같은 차를 권하는 것이 노폐물 대사에 효과적이다.

⑦ 피술자의 발을 깨끗이 소독함과 동시에 족욕을 통하여 고객이 긴장을 이완한 상태에서 마사지를 즐길 수 있도록 배려하여야 마사지의 효과가 크다.

(6) 발의 기능

① 인체를 지탱해 주는 역할을 한다.

② 운동기능을 담당하여 보행을 하게 한다.

③ 인체의 균형을 유지한다.

④ 보행 시 충격을 흡수하여 완화한다.

(7) 건강한 발의 조건

① 발의 변형이 없어야 한다.

② 무좀이나 곰팡이균에 대한 질병이 없어야 한다.

③ 붓거나 아프지 말아야 한다.

④ 발바닥의 아치(족궁)가 정상이어야 한다.

⑤ 관절이 유연하여 운동 작용에 지장을 주지 않아야 한다.

(8) 발 변형의 종류

① 평발

족궁이 무너져 내려 앉은 발로 아치가 없어 편평하다. 이런 발은 오래 걷거나 뛸 때 빨리 뛰지 못해 운동장애가 있을 뿐만 아니라 두통과 소화불량의 원인이 되기도 한다.

• 원인

과다한 체중의 증가나 오래 서 있거나 무리한 보행을 했을 때 혹은 운동 부족과 결합조직의 약화와 골절을 들 수 있다.

• 관리방법

신발을 신을 때 발 안쪽 아치 부위에 안창을 대어 아치를 인위적으로 만들어준다.

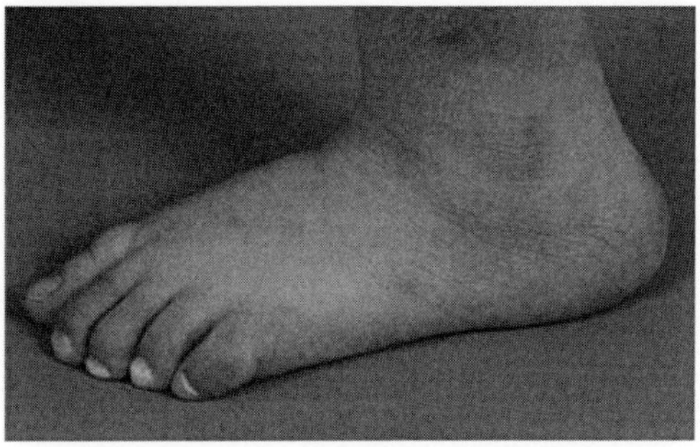

② 요족

평발과는 반대로 족궁의 아치가 너무 많이 올라가 치솟은 형태의 발로 발가락이 중족골 쪽으로 오그라든 발이다.

- **원인**

유전적 요인이 많으며, 후천적으로는 근골의 골절과 인대가 당기는 질환이 원인이 되기도 한다. 또한 굽이 높은 신을 장시간 신고 오래 서 있을 경우에도 요족이 될 수 있다.

- **관리방법**

신발에 안창을 대주어 신발과 발이 뜨지 않게 하며, 티눈과 굳은살이 생기지 않도록 밀착된 부위에 보호용 스펀지를 붙여준다.

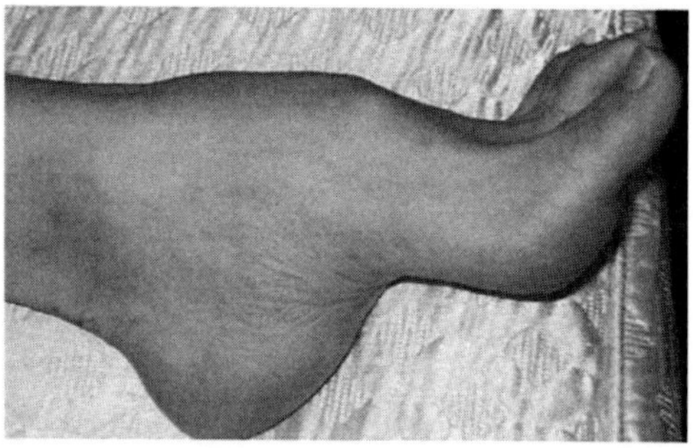

③ 무지외반증

엄지발가락이 검지 쪽으로 돌아가 중족골 관절이 튀어나오는 발로 중족골 관절이 신발에 밀착되어 통증이 심하며 굳은살과 티눈이 쉽게 생긴다.

- **원인**

볼이 좁고 앞이 뾰족한 신발을 장시간 동안 신고 있었을 때 쉽게 나타나며 신경통, 류머티즘, 통풍 등의 질환으로 인해 관절이 약해 틀어져 나타나기도 한다. 또한 비만으로 체중 부하가 많아 생길 수 있다.

• 관리방법

심한 경우 외과적 수술요법을 하며, 비만인 경우 비만을 해소하고 편한 신발을 착용한다. 엄지발가락의 뒤틀림을 방지하기 위한 면 패드 보호용 캡을 씌우기도 한다.

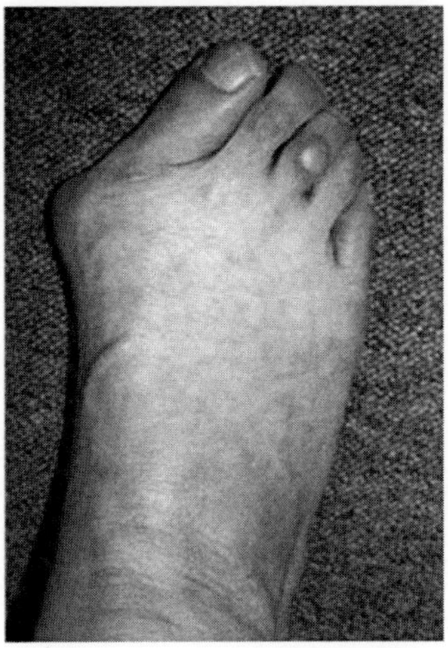

④ 망치발 : 발가락이 굽어진 변형으로 후천적으로 많이 나타난다.

• 원인

앞볼이 좁고 끼는 신발을 장시간 신고 있었을 때 많이 나타나며, 발가락이 긴 발에 변형이 오기 쉽고 발가락 중 둘째 발가락에 많이 생긴다. 이로 인해 티눈이 생겨 통증을 호소하는 경우가 종종 있다.

• 관리방법

발가락이 편안하도록 제작된 맞춤 신발을 착용하며, 티눈과 굳은살을 제거하고 재발하지 않도록 전용 패드를 이용한다.

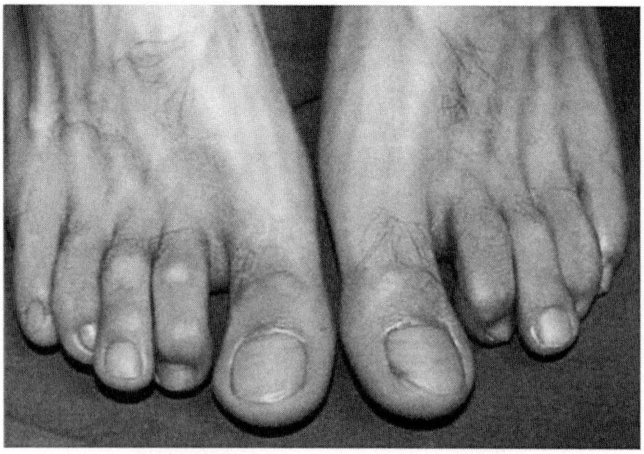

(9) 발과 다리의 피부이상

발과 다리의 피부이상으로는 굳은살, 트고 갈라지는 발, 티눈, 족부백선과 발톱무좀, 족부다한증, 림프부종, 정맥류 등이 있다.

(10) 질환 원인 및 증상 관리방법

① 굳은살

넓은 면적, 즉 뒤꿈치, 발바닥에 주로 생기며 일반적으로는 통증은 없으나 심해지면 갈라져 피가 난다. 각질의 수분 부족, 맨발의 보행, 체중의 부하, 신발의 압박 등이 원인이다. 마른상태의 발을 버퍼로 갈아내고, 크레도를 이용할 때는 충분히 발을 물에 불려 피부를 만져가며 제거해 준다. 마지막으로 카펜쉴라이퍼로 갈아주고 온타올로 마무리해 준다.

② 트고 갈라지는 발

발뒤꿈치, 발 가장자리 등 수분이 부족하여 각질이 두꺼워지며 갈라지는 현상으로 주로 여성에게 나타나며, 겨울에 심하다. 원인으로는 과체중으로 인한 체중부하, 수분 부족 등의 건조증, 여성호르몬의 부족과 영양부족 상태 등을 들 수 있다. 두꺼워진 발을 물에 충분히 불린 후 크레도와 짱애로 각질과 갈라진 피부조직을 제거한 후, 프레저를 사용하여 갈아준다. 그런 다음 소독을 해주고 안티크레크 크림을 발라준다. 각질과 피부조직 제거 시 출혈로 인해 2차 감염이 되지 않도록 주의해야 한다.

③ 티눈

발의 측면이나 좁은 부분에 지속적으로 압박을 받아 생기며, 굳은살처럼 딱딱하고 중심 부위는 핵의 눈이 피부조직 깊숙이 뿌리를 내리고 있어 통증이 심하다. 마찰이나 압력의 원인을 제거하고 전문가의 도움을 받아 티눈의 뿌리를 제거하며, 보호용 패드를 대주어 신발과 밀착되지 않도록 한다.

④ 족부백선

무좀 및 발톱 무좀균에 의한 질환으로 피부각질이 너덜거리며, 매우 가렵고 진물이 나며 통증이 있다. 발톱 무좀의 경우는 노란 갈색을 띠고 시간이 지나면 발톱이 두꺼워지며, 악취가 나고 부서진다. 주로 혈관과 림프의 순환장애, 당뇨병 및 통풍이 안 되어 땀이 많이 생기면 무좀균이 번식하기 좋아 생긴다. 발을 늘 건조하게 해주고, 통풍이 잘되는 신발을 신고 땀을 쉽게 흡수할 수 있는 면양말을 자주 갈아 신는다.

무좀 발톱의 경우 두꺼워진 발톱을 갈아내고 발톱을 짧게 자른 후 청결히 하고 무좀약을 꾸준히 발라준다. 심한 경우 내복용 무좀약을 먹는다.

⑤ 족부다한증

발에 땀이 많이 나는 증상으로 통풍이 안 되는 양말과 신발을 오랜 시간 신는 경우 혹은 정신적, 육체적 피로로 인한 내분비 이상에 의한 원인 등을 들 수 있다. 발을 자주 씻어주고 통풍이 잘되는 면양말과 신발을 신어준다. 심한 경우 전문가를 찾아 치료를 받는 것이 좋다. 과다한 땀은 무좀을 유발할 수 있어 세심한 주의가 요구된다.

⑥ 림프부종

림프관의 폐쇄 및 순환부전으로 림프액이 역류되어 단백질 농도가 상승하여 발이 붓는 현상으로 림프계의 외상, 종양, 림프관염 등 선천적 림프기능부전과 비만으로 인한 체중부하, 오래 서 있음 등이 원인이 된다. 장시간 서 있거나 체중부하를 줄여야 하며 저염, 저당질, 저칼로리, 저지방식이 등이 필요하다.

하루 2L의 물을 충분히 먹어주고 충분한 산소공급과 규칙적인 운동이 필요하다. 림프배농 마사지로 림프순환을 원활히 하면 부종을 예방, 개선할 수 있다. 정맥류 정맥관의 기능부전으로 정맥혈이 정체되고 확장되어 혈관이 돌출되는 현상으로 임신, 장시간 오래 서 있거나 앉아 있는 경우에 흔히 나타난다. 오래 서 있거나 앉아 있지 않도록 하며, 혈류를 방해하는 꽉 끼는 옷을 입지 않도록 한다. 뜨거운 사우나, 마사지는 피해야 하며 찬물에 샤워하고 심장보다 높게 다리를 올려 정맥기능을 원활하게 해주어야 한다.

9) 스포츠 마사지

실제로 스포츠 현장에서 운동 전 컨디션 조절, 운동 후 피로 회복과 정서적 안정 등을 위하여 선수들에게 시술되기 시작하였다. 경기력 향상이나 운동기능 조절, 상해예방 등에 이용되고 있다. 고대의학 기록에 의하면 격렬한 운동이나 시합 후 마사지를 통해 경직된 몸을 이완시키거나 몸의 기능을 조절하기 위해 시행해 온 스포츠 마사지는 당시 유일한 민간치료법으로서 비교적 상세히 기록되어 있으며, 오랜 역사를 간직하며 끊임없이 발전해 왔다. 활동적인 사람들을 위해 시술되는 마사지로 근육과 경혈점을 이용하여 관리하며, 안마가 주로 위에서 아래로, 동맥을 따라 피로를 느끼는 부분을 비벼 내리는데 반하여 스포츠 마사지는 임파관과 정맥을 따라 아래에서 위로 비벼 올린다. 액체의 흐름을 촉진하기 위해서는 이 방향이 효과적이기 때문이다. 혈액순환촉진, 근육에 축척된 젖산을 제거하여 피로회복을 빠르게 하며, 소화기능 촉진, 근육이완을 통해 노폐물 배출용이, 심리적인 안정감의 효과가 있다. 편안한 차림으로 짧은 시간에 가볍게 받을 수 있는 이점이 있다. 마사지의 기본 기법으로는 경찰법, 강찰법, 유연법, 고타법, 진동법, 압박법, 운동법 등 기타 다양한 응용기술 및 운동요법 등이 시행되고 있다.

(1) 스포츠 마사지의 효과

① 혈액 및 림프 순환을 촉진시킨다.
② 근육에 축적된 젖산을 제거하여 피로 회복을 빠르게 한다.
③ 소화기능을 촉진시켜 영양흡수를 원활하게 한다.

④ 근육의 이완을 통해 노폐물 배출을 용이하게 한다.
⑤ 심리적인 안정감을 준다.

(2) 스포츠 마사지 시 주의점

① 스포츠 마사지 시 압 조절은 부위와 받는 사람의 상태에 따라 달리한다.
② 리듬은 안정되고 일정해야 한다.
③ 뼈의 돌출 부위나 통증이 있는 관절은 가능한 한 마사지를 피한다.
④ 팔, 다리뿐만 아니라 몸 전체에 긴장을 주지 않아야 한다.
⑤ 염증이 있거나 전염성 질병이 있는 경우 마사지를 하면 안 된다.

10) 아쿠아 마사지

고대 그리스의 히포크라테스 시대부터 수치료라는 이름으로 다양한 방법의 물을 이용한 건강법이 있었고, 그 중 아쿠아 마사지는 신체 부분마다 각각의 힘으로 적용되는 따듯한 물의 이완 효과를 이용하여 질병, 사고, 손상 등으로 인하여 발생된 신경, 근육, 관절 계통의 비정상적 기능을 회복, 증진시키고 스트레스나 피로에 의한 정신적 문제를 해소시켜주기 위하여 개발된 물속에서의 신체적 움직임과 관련된 마사지이다.

아쿠아 마사지는 물이 신체에 미치는 효과를 극대화하기 위해 물의 특성인 부력을 최대한 이용하여 신체의 손상된 부분이나 굳어진 근육과 관절을 풀어줌으로써 통증 완화 효과가 있다. 따듯한 물의 온도로 인한 혈관 확장으로 혈액순환을 향상시키고 증대된 혈액의 흐름과 함께 노폐물을 제거하는데 효과가 있다.

(1) 효과

① 혈액의 흐름을 좋게 하여 신진대사를 원활하게 한다.
② 관절가동범위가 유지되고 증가된다.
③ 신체의 균형을 유지시키며, 협조 작용을 증진시킨다.
④ 심신을 이완시키며, 통증을 감소시킨다.
⑤ 물을 이용한 청결효과가 있다.

(2) 주의해야 할 점

① 감염성 피부질환을 가진 사람은 피한다.
② 노약자나 기운이 없는 사람은 각별히 유의하면서 시술한다.
③ 최근의 상처나 개방된 상처가 있는 사람은 실시하지 않는다.
④ 물보다 체액의 농도가 높아서 부종이 생길 수 있다.

04 CHAPTER

매뉴얼 테크닉 실기

1 기초 피부관리 실습 실기 테크닉 (각 동작 3번씩 반복)

① 손에 크림을 적당량 덜어 얼굴 전체에 도포하고 목에서 가슴까지 차례로 펴 바른다.

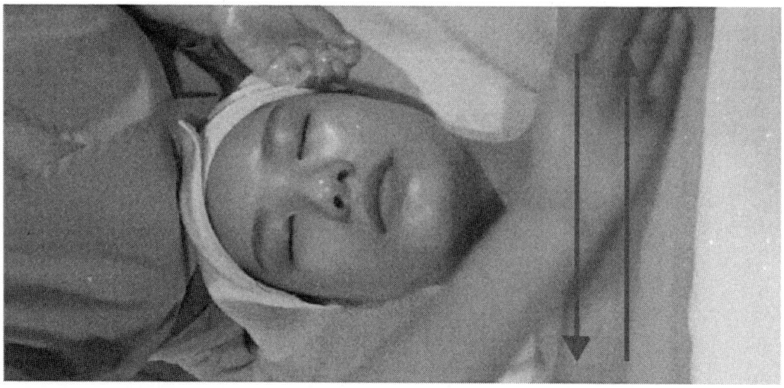

② 가슴 쓰다듬기

양손을 교대로 물결모양으로 쓰다듬기 한다.

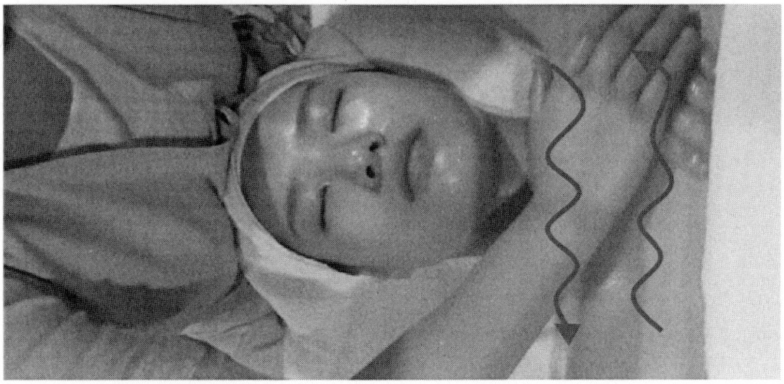

③ 아래에서 위 방향으로 목을 쓰다듬기로 도포한다.

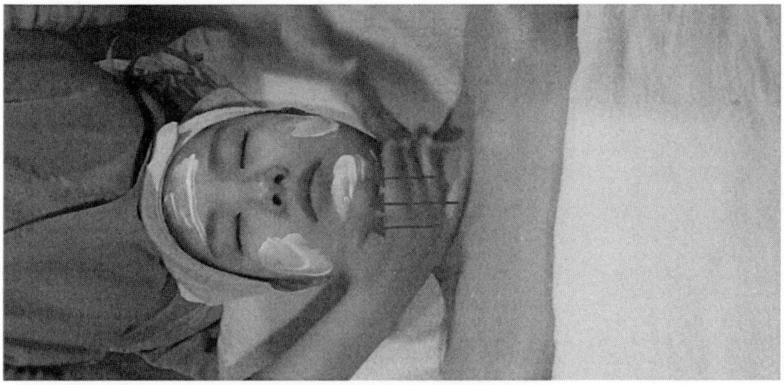

④ 목 주무르기

엄지를 이용하여 목을 잡듯이 가볍게 주물러 준다.

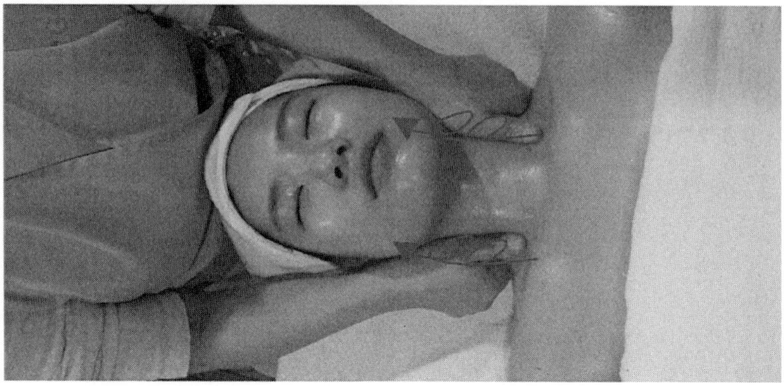

⑤ 목 측면 마찰하기

양손을 주먹쥐고 목 측면을 위, 아래로 지압하듯 눌러주며 위,아래 쓰다듬기 한다.

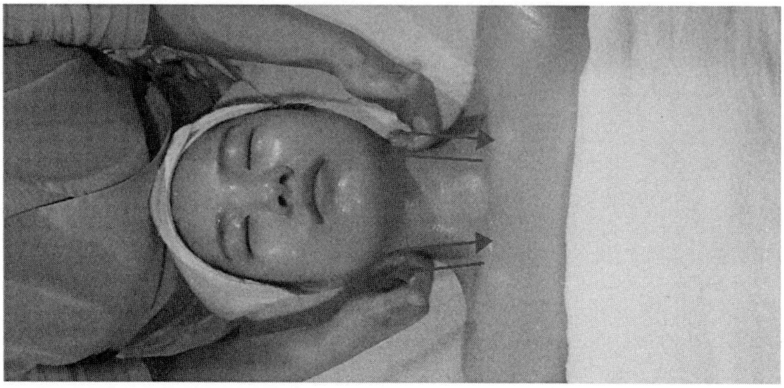

⑥ 턱 선잡기

양손을 하악각에 고정한 후 터선을 손바닥을 이용하여 쓸어 올려준다.

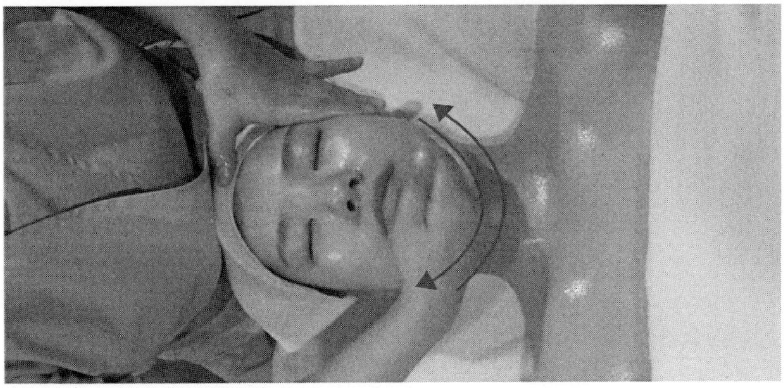

⑦ 입 주위를 돌아 얼굴 뺨 전체를 도포한다.

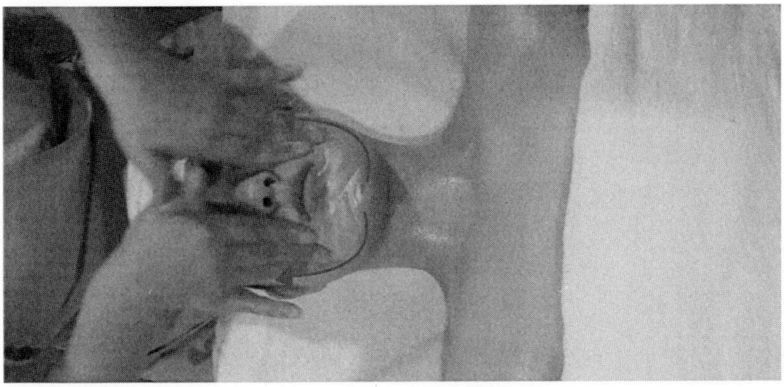

⑧ 이마 쓸어주기

양손을 교대로 밀착시킨 후 가로로 쓰다듬기 한다.

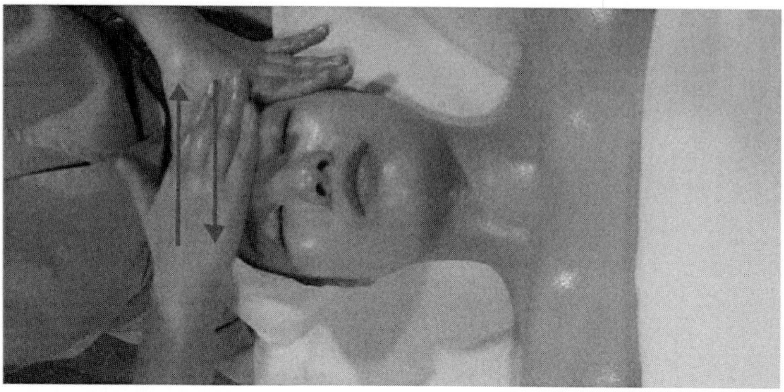

⑨ 이마 가로로 문지르기

오른쪽 이마에서 왼쪽으로 작은 원 그리기 하고, 왼쪽 이마에서 오른쪽으로 작은 원 그리기 하며 왕복한다.

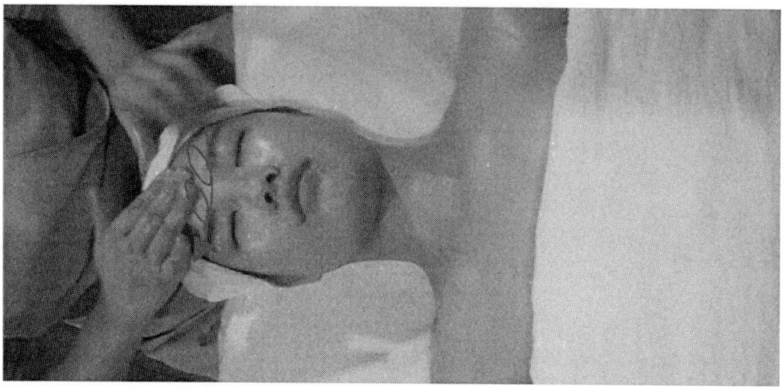

⑩ 이마 지그재그 그리기

양손 3, 4지를 교차로 이마 지그재그 그리기를 한다.

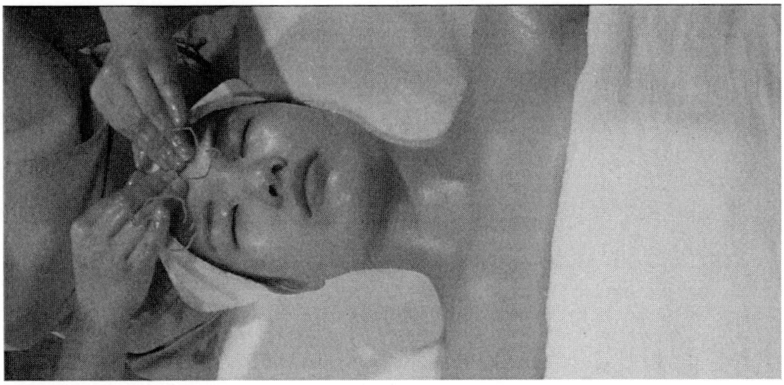

⑪ 눈 주위 쓰다듬기

눈 아래에 부분을 엄지로 쓰다듬어 주며 눈 아래 부분 작은 원 그려주기를 한다.

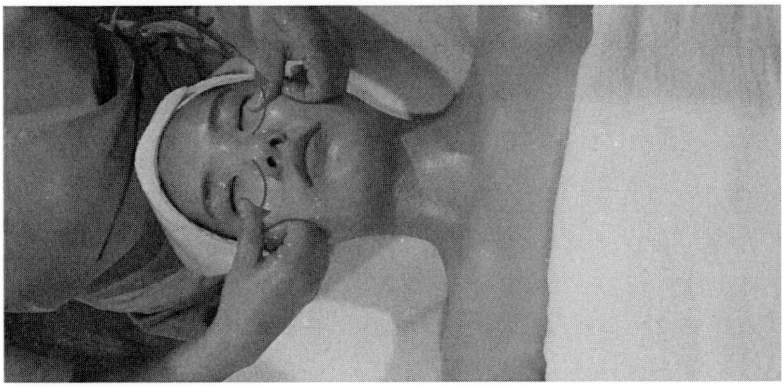

⑫ 눈 밑 돌아 쓰다듬기

눈 아래 작은 원을 그린 후 가볍게 쓸어준다.

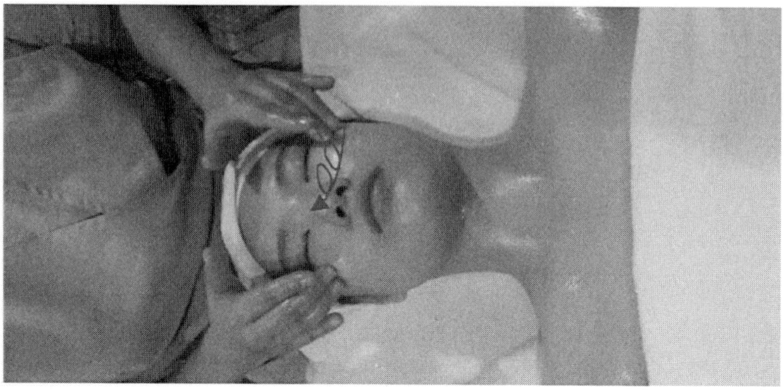

⑬ 눈썹 쓰다듬기

눈썹 머리에서 꼬리까지 집어 올려준 다음 눈썹 앞머리에서 꼬리까지 다시 쓸어준다.

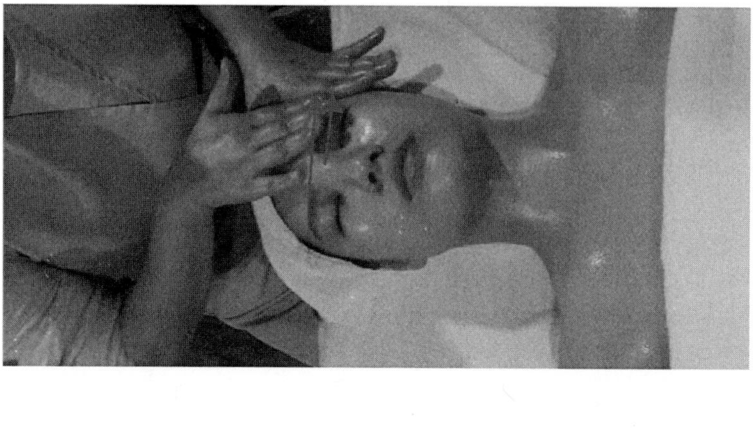

⑭ 눈 밑 돌아 쓰다듬기

눈 아래 작은 원을 그린 후 가볍게 쓸어준다.

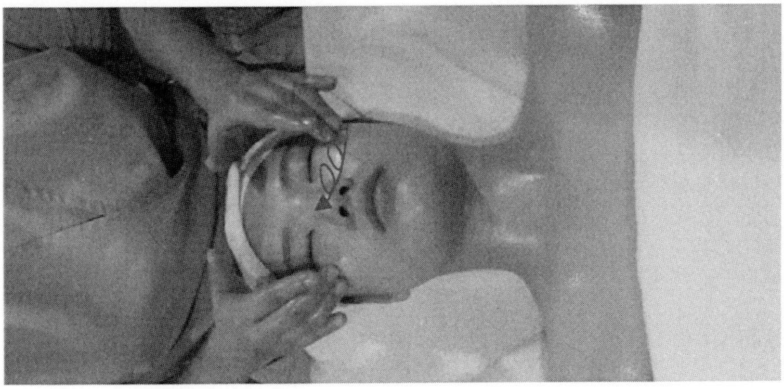

⑮ 눈썹 쓸어 올리기

양손의 중지를 이용하여 눈썹을 쓸어 올려준다.

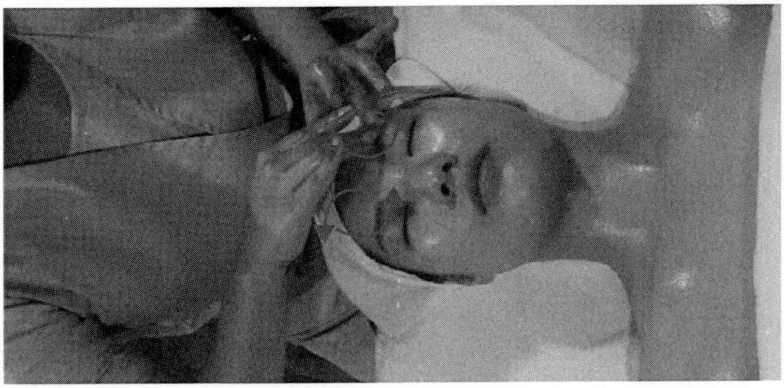

⑯ 눈썹 집어 올리기

엄지, 검지를 이용하여 눈썹을 집듯이 동그랗게 올려준다.

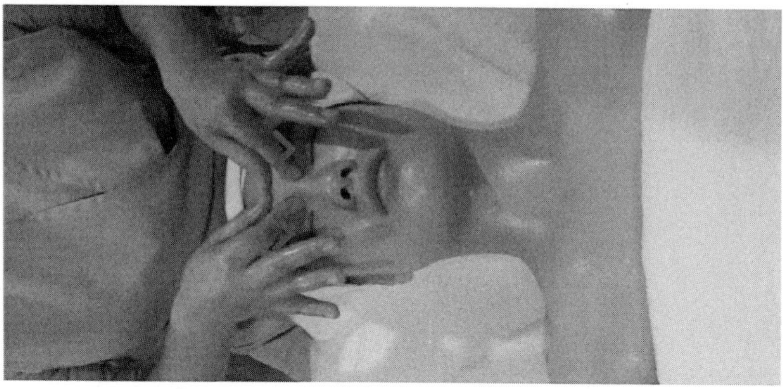

⑰ 눈 옆 8자 그리기

눈꼬리 부분을 중지를 이용하여 8자를 그려준다.

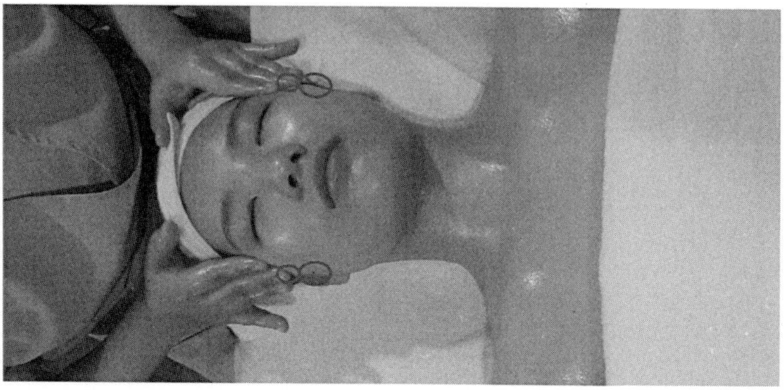

⑱ 이마 세로 올리기

눈썹 앞머리를 한 손으로 고정시키고 다른 한 손으로 작은 원그리기하며 위로 올려준다.

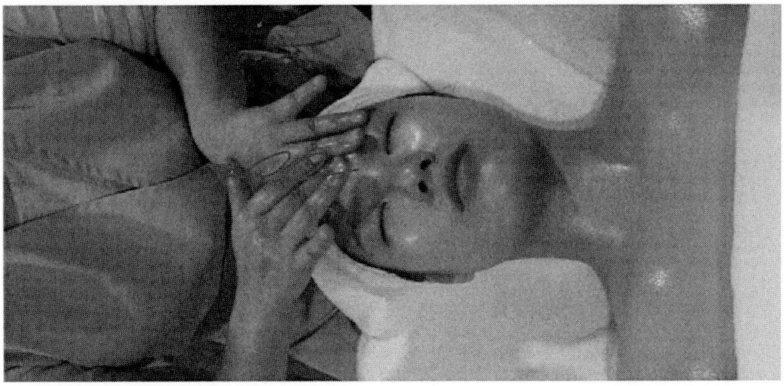

⑲ 이마 쓸어주기

양손을 교대로 밀착시킨 후 가로로 쓰다듬기 한다.

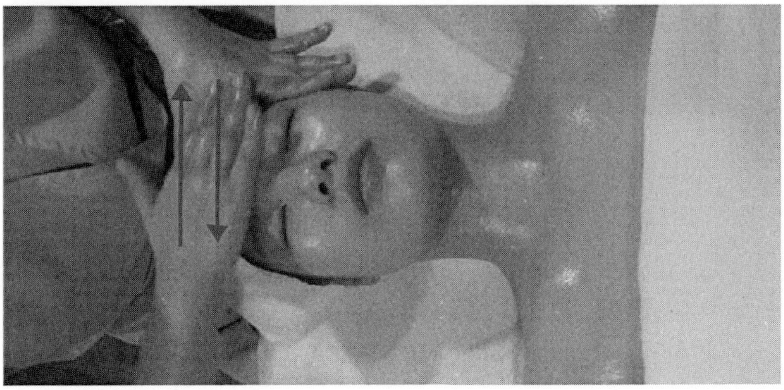

⑳ 눈 주위 큰 원 돌리기

눈썹을 양손으로 쓸어준 다음 눈 주위를 동그랗게 돌려준다.

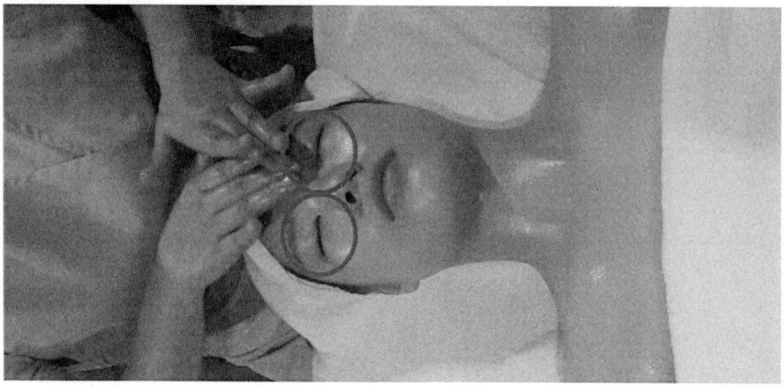

㉑ 입가 작은 원 그리기

입 주위를 엄지를 이용하여 작은 원 그리기를 한다.

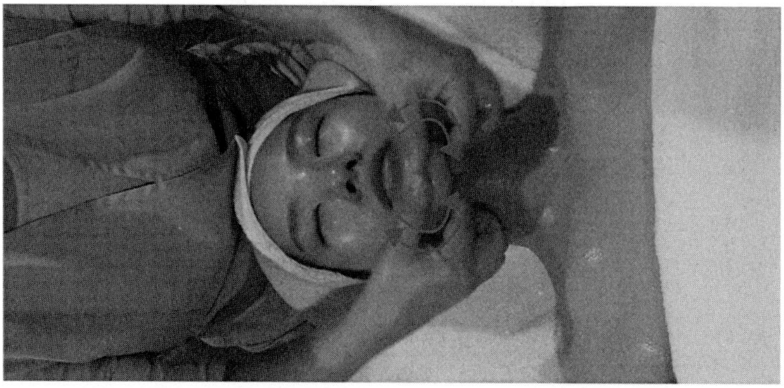

㉒ 입 주위 원 그리기

양손을 3,4지를 이용하여 작은 원 그리기를 하며 위로 올려준다. 입 꼬리부분을 8자 그려주기를 병행한다.

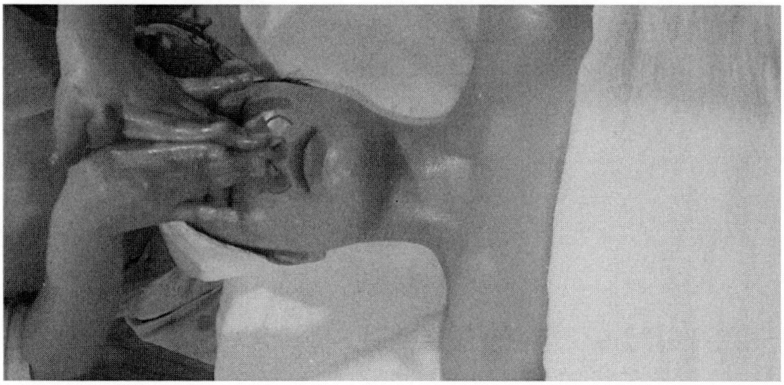

㉓ 8자주름 쓸기

입 끝을 8자를 그리면서 쓸어 올린다.

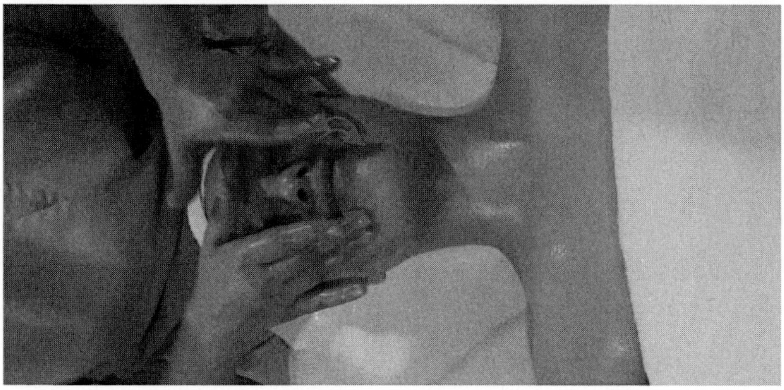

㉔ 입 꼬리 올리기

턱선에서 입꼬리를 지나 콧망울 까지 2, 3지를 이용하여 끌어 올려준다.

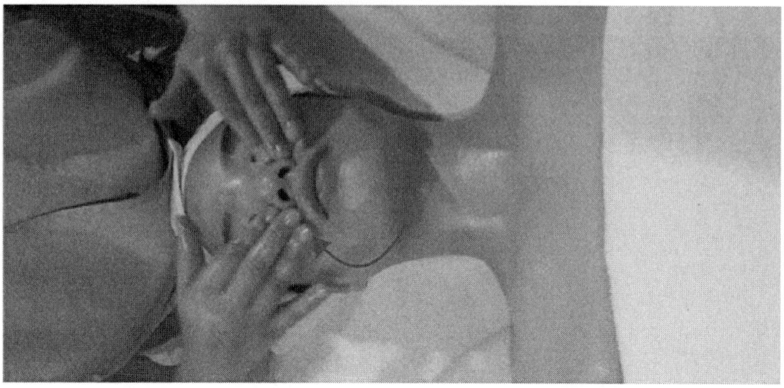

㉕ 양손 손바닥으로 이마와 턱선을 얼굴 라인에 따라 교차한다.

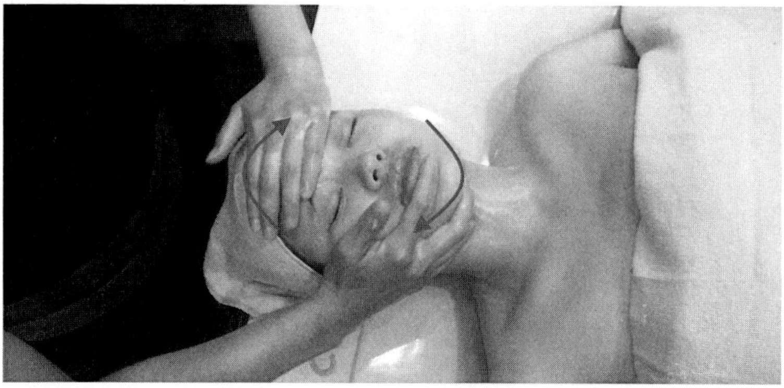

㉖ 볼 쓸어 올려주기

턱 선에서 수직으로 목 볼 눈꼬리 순으로 손을 세워 쓸어 올려준다.

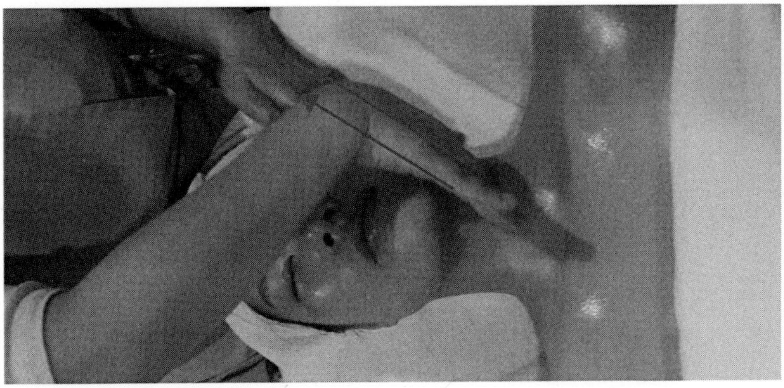

㉗ 주먹쥐고 볼을 쓸어내려 턱라인을 따라 당겨 주고 볼을 러빙해 준다.

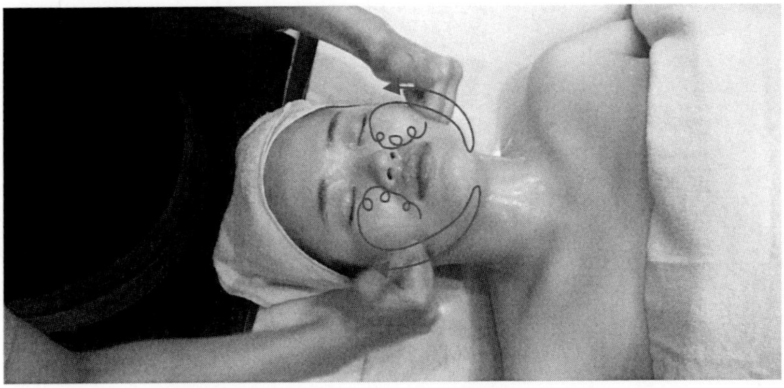

㉘ 떨어주기

양손 네 손가락을 이용하여 양볼을 가볍게 튕겨준다.

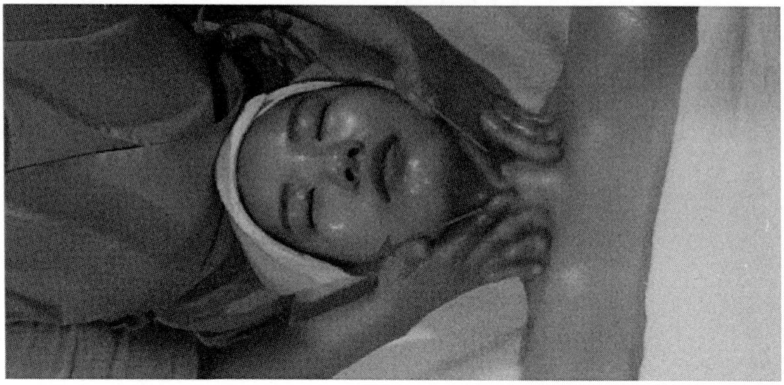

㉙ 목 주무르기

엄지를 이용하여 목을 잡듯이 가볍게 주물러 준다.

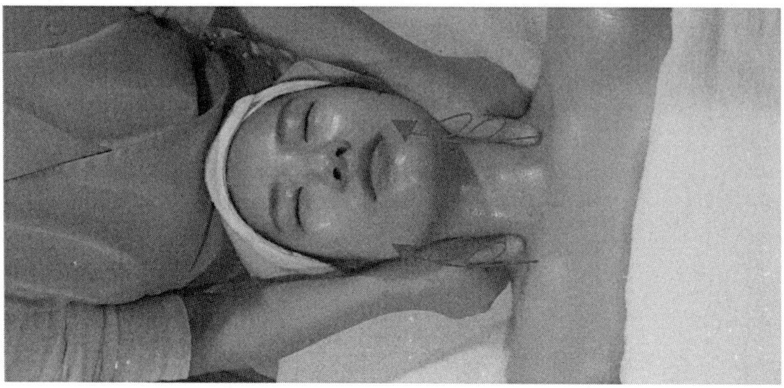

㉚ 목 측면 마찰하기

양손을 주먹쥐고 목 측면을 위, 아래로 지압하듯 눌러주며 위,아래 쓰다듬기 한다.

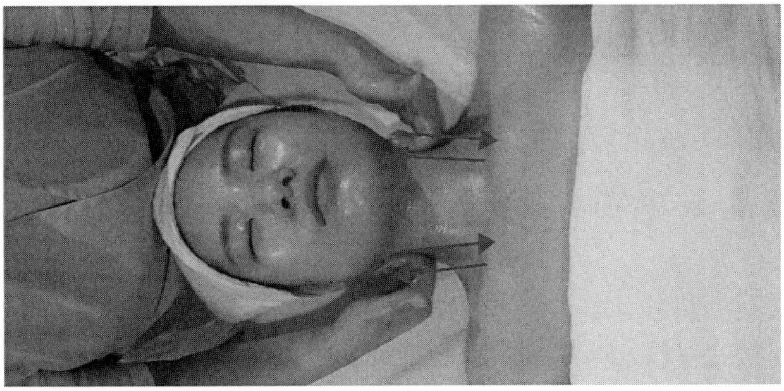

㉛ 턱 선잡기

양손을 하악각에 고정한 후 터선을 손바닥을 이용하여 쓸어 올려준다.

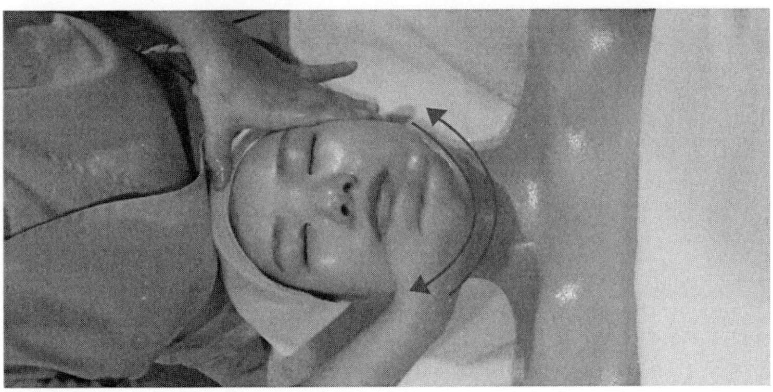

㉜ 눈 옆 8자 그리기

눈꼬리 부분을 중지를 이용하여 8자를 그려준다.

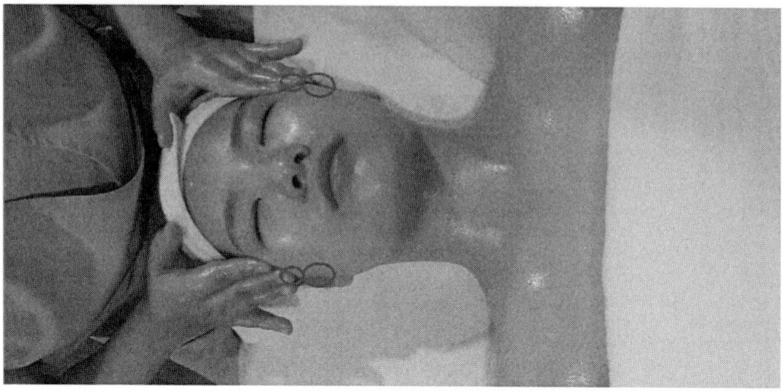

㉝ 볼 쓸어 올려주기

턱 선에서 수직으로 목 볼 눈꼬리 순으로 손을 세워 쓸어 올려준다.

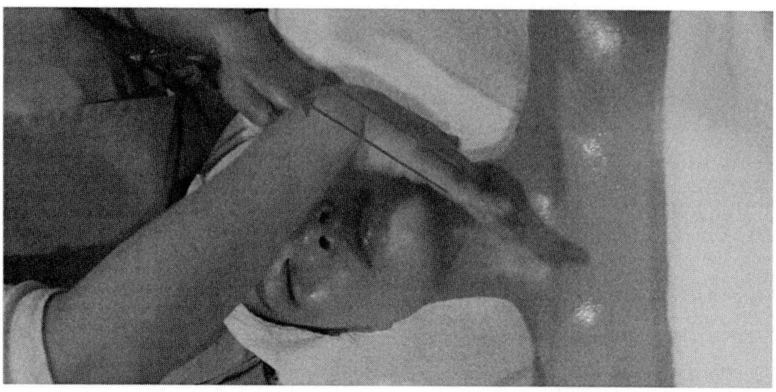

㉞ 볼 튕겨주기

엄지와 중지를 이용하여 튕기듯 꼬집어 올려준다.

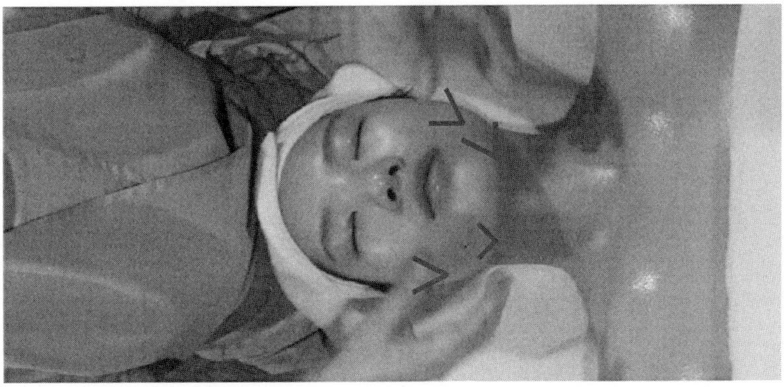

㉟ 턱 쓰다듬기

양 손을 하악각에 고정한 후 턱 밑에서 귀 밑까지 쓸어 올려준다.

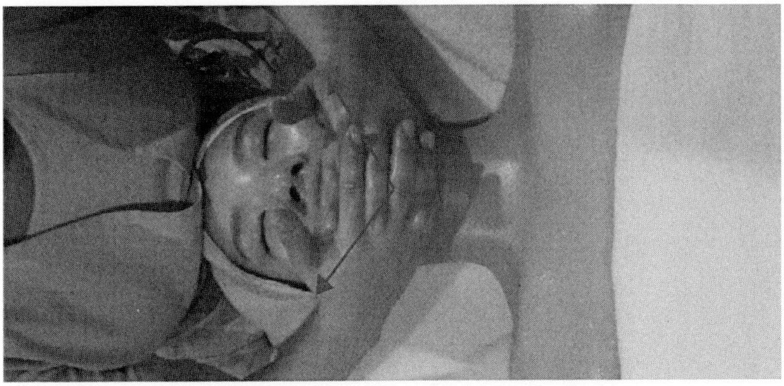

㊱ 입 주위 쓸어주기

손바닥을 펴서 입 끝에서 귀 밑까지 쓸어 올려준다.

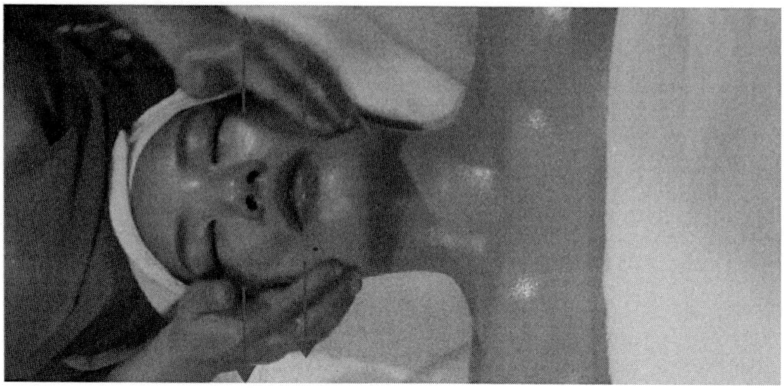

㊲ 코 옆 쓸어주기

코 옆에서 귀까지 손바닥을 펴서 쓸어 올려주고 광대뼈 라인에서 귀까지 다시 쓸어준다.

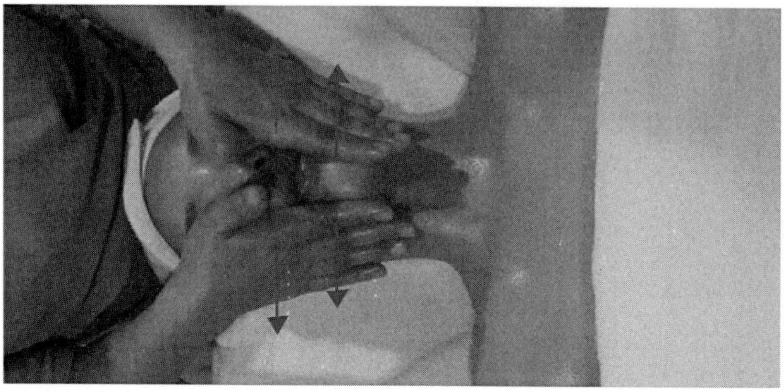

㊳ 이마, 턱, 손 바꾸어 쓸어주기

이마, 턱을 손을 바꾸어가며 누르고 얼굴 전체에 양 손바닥으로 누르다가 펼치면서 마무리 한다.

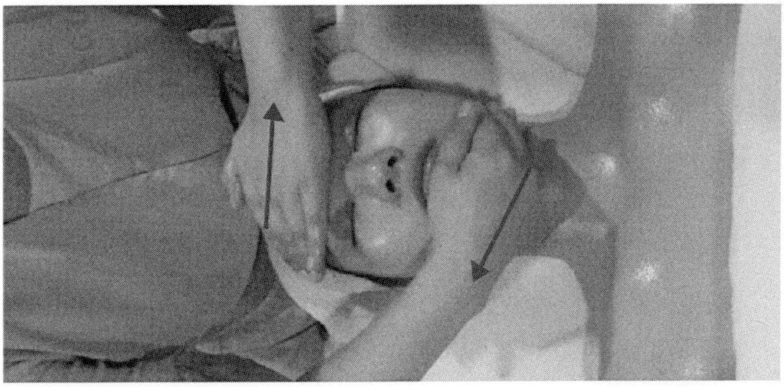

㊴ 입 주위 쓸어주기

손바닥을 펴서 입 끝에서 귀 밑까지 쓸어 올려준다.

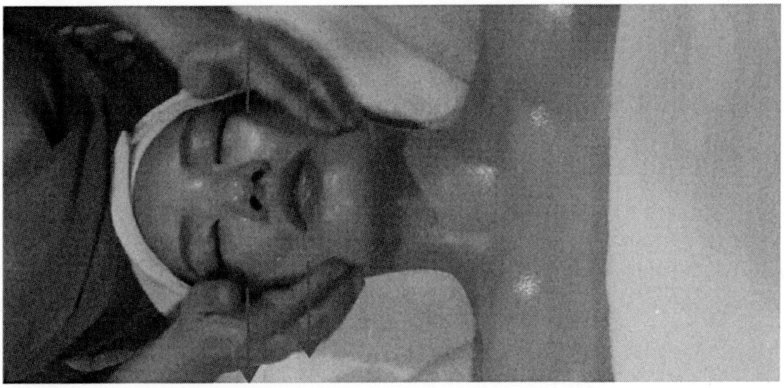

㊵ 코 옆 쓸어주기

코 옆에서 귀까지 손바닥을 펴서 쓸어 올려주고 광대뼈 라인에서 귀까지 다시 쓸어준다.

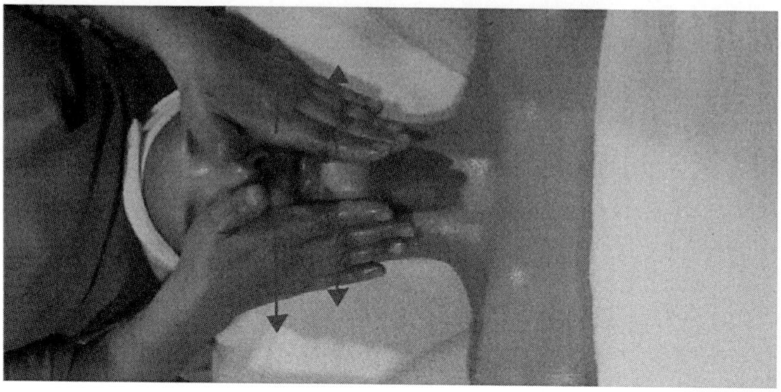

05 CHAPTER 팩과 마스크

팩과 마스크를 사용한 기원은 고대 이집트에서부터 꿀, 곡물가루, 달걀껍질 가루, 우유 등의 다양한 천연재료를 이용한다.

현대 화장품학의 발달로 팩 또는 마스크의 종류나 재료의 효능 또한 다양해져, 개인의 피부타입에 맞게 자유로이 선택한다.

팩이란 말은 영어의 pack - age에서 유래되었으며, 막으로 '감싸준다'라는 의미이다.

1 팩의 기능

① 팩제는 피부, 특히 얼굴피부에 주로 사용한다.

② 피부 표면을 깨끗하게 하고, 그 생리기능을 촉진한다.

③ 일반적으로 팩제를 고루 펴 바른 후 서서히 건조되면 제거한다.

2 팩의 종류와 특징

액 상	**오일팩**
	• 건성피부에 효과가 우수한 팩 • 올리브유, 동백유들의 천연오일을 따뜻하게 하여 탈지면에 적신 후 얼굴에 일정시간 덮어 놓았다가 닦아냄
	크림팩
	• 영양공급을 주목적으로 함 • 크림 상태의 팩 내용물을 얼굴에 펴 놓았다가 일정 시간후 닦아냄
페이스트 상	**젤리팩**
	• 팩의 내용물이 젤리와 같은 반투명 크림상태 • 여름용 제품에 많이 사용됨 • 크림팩과 같이 영양공급을 목적 • 사용 시 시원한 청량감이 느껴진다.
	클레이팩(clay)
	• 피부의 Deep cleansing과 과잉피지 제거를 주목적 • 주원료를 흙에서 얻으므로 클레이 팩으로 부름 • 피부에 바른 후 일정 시간 건조되면 물로 닦아낸다.

3 마스크와 팩의 차이점

종 류 차 이	마스크(mask)	팩(pack)
특징	• 외부와의 공기를 차단 → 건조시 차단막형성 → 수분, 열, 이산화탄소등의 통과가 어렵다.	• 차단막이 형성되지 않음 → 열, 수분, 이산화탄소가 통과됨
작용 및 효능	• 피부팽창 • 혈액순환과 신진대사 활발 • 모공과 모낭의 확장 • 피부온도 상승	• 유효성분 공급, 모세혈관 수축 • 피부온도 저하 • 피부의 지방제거 • 보습력 부여 • 피부의 죽은 각질 제거 • 피부 긴장감 부여 • 모공과 모낭의 수축 • 산소 및 이산화탄소, 가스, 열 등을 운반
적용	• 피부 관리 초기단계에 사용하면 효과적	• 피부관리 후기단계에 사용하면 효과적
작용 성분	• 미네랄성분, 파라핀, 식물성 추출물	• 지방, 비타민 • 식물점액 및 식물성 추출물
종류	• 파라핀 마스크 • 석고 마스크 • 혈액순환 촉진 마스크 • 필링 마스크	• 파우더 및 에멀젼 형상의 성분에 따른 효소팩, 크림팩, 오이팩, 야채팩, 진흙팩 등

4 팩과 마스크의 일반적 효과

1) 피부의 혈액순환 촉진과 보습작용

파우더, 젤, 크림상의 제품도포

↓

일정시간이 경과 후 피부 표면에 피막형성

↓

외부와 피부표면을 차단

↓

피부표면의 온도가 올라가 피부 혈액순환 촉진

2) 피부 청정 작용

팩 제의 피막형성

↓

모공이나 피부 표면에 남아 있는 노폐물을 팩제가 흡착

↓

팩제거 시 노폐물과 불순물 제거

3) 경피 흡수 촉진

팩제가 피막을 형성함으로(외부공기와 차단됨으로 막 형성) 수분 증발이 억제

↓

각질층의 수분을 함유하여 팽창

↓

모공과 한선이 확장되어 팩 제의 함유된 유효성분의 침투원활

4) 각질제거 작용

팩의 종류에 따라 각질층의 죽은 각질을 연화시켜 팩제거시 함께 제거

↓

진정, 보습, 수렴, 세포재생, 염증완화 작용

5 형상에 따른 분류

1) 파우더 형상(Type)의 팩

① 파우더는 피부의 습기와 지방을 흡수하는 성질
② 분말 입자의 크기에 따라 흡수 능력이 결정
③ 입자가 고운것일수록 흡수력이 크다.
④ 화장수(Skin Lotion), 증류수 또는 앰플을 섞어서 사용

(1) 특징

- 피부의 열을 정체시켜 혈관을 넓히며, 산소의 공급을 확대시켜 피부의 신진 대사를 자극하는 효능이 있다.
- 팩의 습기가 증발하여 마르기 시작할 때 피부온도가 내려가서 피부가 서늘해지고 부드럽게 되며, 안색도 창백한 느낌을 갖게 된다.
- 팩이 완전히 건조할 때까지 놓아두면 피부는 열의 정체로 인하여 붉게 변하고, 피부 유형에 따라 건조 전 또는 건조 후에 제거 할 수 있다.
- 건조 후 제거 효과 : 지방분과 습기를 제거한다. 살균효과와 치유력이 있고 염증을 완화시키는 효능도 있다. 여드름 피부에 좋다.
- 건조 전 제거 효과 : 피부온도가 내려가 모공의 수렴효과가 있다.피부의 자극에 대해 둔하게 하는 효과가 있으므로 자극에 민감하고 건조한 피부에 좋다.

2) 젤 형상의 팩

① 수성의 젤 형태로 만들어진 팩으로 모양이 균일하고 대부분 투명하며 상큼하고 촉촉한 느낌을 준다.
② 유분에 민감한 피부와 지성피부에 효과적이다.
③ 보습과 진정효과를 부여하고자 할 때나, 아이젤, 보습젤, 알로에젤 등의 제조에 많이 사용되는 형상이다.

3) 점토상의 팩

① 진흙 등의 점토 광물을 함유한 가루를 물, 에탄올 보습제의 수상 물질에 혼합하여 만든 팩으로, 건조한 습포로 닦아 내거나 물로 씻어낸다.
② 종류로는 머드 팩 등이다.

4) 오일형상의 팩

① 피부에 친화성이 있는 유성원료 스쿠알렌, 단황유, 올리브유, 아보카도유, 참기름 등을 배합한 것으로 노화, 건성피부에 좋다.
② 오일을 바르고 그 위에 오일에 적신 화장솜을 두툼하게 덮거나 스팀 타올을 덮는다. → 이때 눈과 입은 제외시킨다.

6 제거방법에 따른 분류

1) 떼어서 제거하는 방법(Peel off type, Film type)

① 젤리형태 또는 분말형태로 된 팩으로 도포 후 일정시간이 경과하면 피부 표면 에 팽팽한 막이 형성된다.

② 팩이 건조되어 굳게 되어, 완전히 마르면 이로 인해 피막 즉 필름막이 형성

③ 죽은 각질, 노폐물, 먼지 등이 제거되어 피부가 청정해지고, 수분공급이 이루어져 탄력성이 증가한다.

④ 주성분은 폴리비닐, 알코올, 초산비닐, 에탄올, 글리세린, 증류수 등이다.

2) 물로 씻어 제거하는 방법(Wash off type)

에멀젼, 점토, 젤 등의 형태로 도포하기 쉽고 습포로 닦아내거나 미온수로 씻어서 제거하는 팩으로 보습효과가 뛰어나다.

3) 미용 티슈 및 스파츌라로 제거하는 방법(Tissue off type)

팩 도포 후 10~15분이 경과하면 먼지가 많이 나지 않는 티슈나 스파튤라로 팩제를 깨끗하게 걷어 낸다.

7 유형에 따른 분류

1) 천연팩

자연에서 쉽게 얻을 수 있는 재료를 이용하여 으깨거나 강판에 갈아서 천연 재료를 그대로 사용하는 팩이다.

(1) 건조피부, 거친피부

① 계란 노른자

- 단백질, 비타민 B_2, 레시틴, 콜레스테롤 함유. 영양공급으로 피로회복, 피부윤택, 탄력을 준다.
- 노른자 + 밀가루(분유) + 오일(1~2방울)

② 참기름, 땅콩, 들깨, 해바라기씨

- 비타민 B_1/B_2/F, 단백질, 지방, 당질, 칼슘, 철분함유. 피부 영양 공급, 윤택, 탄력성.
- 참깨 간 것을 증류수에 섞어 도포 후 거즈로 덮고 밀가루 또는 분유를 섞어서 크림상태로 사용한다.

③ 딸기

- 피로한 피부에 상쾌한 느낌
- 비타민 C, 당분, 수분, 유기산 함유
- 딸기 4~5개 으깬 즙+밀가루 또는 분유, 무농약 딸기 사용

(2) 여드름, 건성, 색소 피부

① 시금치

- 카로틴, 비타민B_1/B_2/C/E, Ca, Fe, 엽록소 함유. 표백작용도 있으나 알레르기 체질은 사용금지
- 시금치즙+밀가루 또는 오이즙

(3) 거칠고 피로한 피부

① 올리브유 : 비타민 E 함유. 매끈하고 윤기 있는 피부로 만든 올리브유에 거즈를 담갔다가 얼굴에 올려놓는다.

② 피망 : 비타민C, 규소 함유. 강판에 갈은 즙+밀가루 또는 분유

③ 부추 : 여드름, 거친 피부용, 비타민A/C, Fe, 마그네슘, 칼슘 함유살균력이 있다. 으깬 것+밀가루+꿀

④ 무 : 거의 모든 피부에 좋다. 수분, Na, Fe, Mg, P, 비타민A/C, 효소 함유. 무즙+밀가루

⑤ 꿀 : 3Ts+밀가루 1Ts+수분 (오이, 오일, 증류수)+율무+노른자

⑥ 난황 : 피로 회복, 윤기, 탄력. 난황 1개+밀가루 또는 분유+꿀

⑦ 콩가루 (검정콩) 또는 밀배아(밀씨는 – 천연 Vit풍부)

⑧ 행인(살구씨), 유실수 열매(은행, 잣, 호두, 땅콩)

⑨ 마요네즈+밀가루 또는 유실수 열매

(4) 지성피부

① 계란흰자

- 모공이 넓은 지성피부. 세척력이 강해, 번들거리는 얼굴에 상쾌감을 줌
- 거품을 내어 마사지하듯 문지르며 모공속의 이 물질을 제거하는데 좋다.

② 사과

- 모든 피부에 사용(지성피부). 수분, 비타민 C(소량), 당분 함유
- 사과 간 것+꿀+밀가루

③ 율무

- 검은 피부, 주근깨, 지성피부
- 율무 2스푼+계란 흰자+오이즙

④ 토마토

- 조직세포강화, 수분공급, 진정. 피지선의 작용 조절
- 특히 늘어진 피부에 좋다.
- 단백질, 당질, 카로틴, 비타민 B1/B2/C 함유

- 토마토즙 + 밀가루 + 꿀

⑤ 감자

- 피부보호 진정 작용, 자외선, 오염 방지
- 간 것 + 밀가루 + 꿀 또는 감초엑기스
- 헴스톤(맥반석) : 미백, 소염, 진정, 살균, 흡착력이 강함
- 잡티예방(여드름, 기미에 좋다)

(5) 거친 피부(각질이 두꺼운 사람)

① 수박(흰 부분 + 밀가루 + 꿀)

② 메론(즙 + 밀가루 + 꿀)

③ 오이(진정과 미백 팩 대용)

(6) 민감한 피부(예민)

① 토마토 + 밀가루 + 꿀, 진정효과

② 감초 : 쑥물에 우려서 사용

③ 녹두 : 피부에 생기와 해열, 해독작용. 건성, 지성에도 사용

④ 파세리 : 즙은 핏기나 윤기 없을 때 사용

(7) 여드름 피부

① 맥반석

- 여드름, 기미, 잡티예방. 규소, 칼슘, 불소, 미네랄 함유
- 유기물질 분해와 흡착작용으로 미네랄 공급 효과
- 증류수에 타서 얼굴에 도포한다.
- 소염작용, 미백작용
- 맥반석+살구씨+요구르트 또는 증류수

② 살구씨

- 여드름, 기미, 혈액순환 촉진. 1주 2회 정도 하면 좋아짐
- 살구씨 가루 1스푼+밀가루 2스푼+계란흰자+오이즙(레몬즙)

③ 녹두

- 여드름 제거 효과, 비듬, 피부에 생기와 해열, 해독작용

④ 감초

- 보호 작용, 자외선, 환경오염으로부터 피부가 보호된다.
- 부신피질 호르몬의 조절에 우수함

⑤ 알로에

- 거칠고 햇볕에 탄 피부, 염증, 여드름 피부에 효과
- 피부 재생효과, 소염 및 수렴 작용, 알로에즙+밀가루

(8) 여드름 자극 제거 팩

① 구기자+계피+감초+대추

② 녹두+살구씨+노른자+율무+오이즙+요구르트

③ 복숭아씨+살구씨+자두씨+레몬즙(향)

④ 당근+밀가루+꿀+설탕

⑤ 오이+밀가루+갈분+흑설탕

⑥ 율무+요구르트+쑥물

⑦ 계란흰자 팩(주름 조심)

⑧ 효소+우유+오일

⑨ 노른자+밀가루+오이즙+과산화수소수+꿀+올리브유

(9) 잔주름 피부(흰자거품+찹쌀+꿀)

① 해초(세포부활작용) 미네랄, 무기질 풍부

② 미역

- 해초류(다시마), 노화 피부, 잔주름을 예방거의 모든 피부
- 단백질, 칼슘, 지방, 탄수화물, 비타민A, 미네랄, 아미노산함유
- 세포부활작용. 염분을 완전히 제거한 후 믹서에 갈아서 밀가루와 사용
- 해초+밀가루

8 팩 시술방법

마사지후 또는 목욕 후 사용하면 경피 흡수율이 더 높고, 주로 피부 관리 프로그램 중 마지막 단계에 적용된다.

① 피부유형에 알맞은 팩 제를 팩 볼에 덜어 낸다.

② 브러쉬를 사용하여 뺨, 턱, 코, 이마, 목 순서로 바르고, 얼굴의 중심부위에서 바깥 쪽 방향으로 바른다. 도포 시 눈썹, 눈 주위, 입술부위는 바르지 않는다.

③ 팩 도포 후 눈에 아이패드를 덮어 놓는다.

④ 입술이 건조할 경우 보습용 화장품을 도포하고, 전체로 건조할 경우 랩을 씌워둔 후 팩 적용시간까지 둔다.

1) 특수 마스크

(1) 벨벳 마스크(콜라겐 마스크, Collagen Velvet, Collagen Sheet)

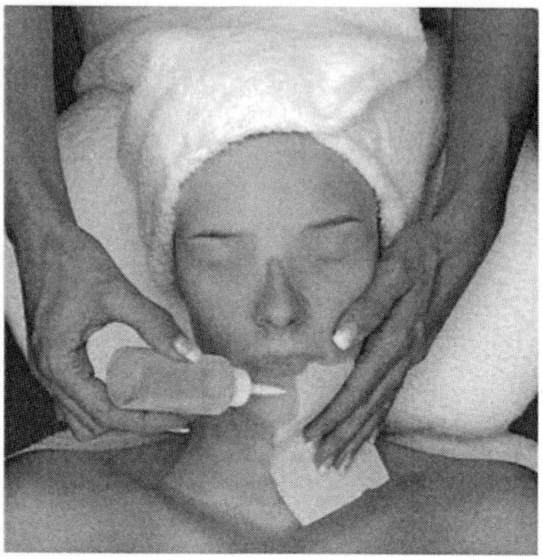

- 콜라겐이 주성분인 제품이며, 벨벳과 같은 감촉 때문에 벨벳 마스크라고도 한다.
- 용해성 콜라겐을 건조시켜 종이 형태로 만든 것이다.
- 사용 시 마스크를 피부에 부착하기 위해 증류수 또는 화장수를 화장솜에 적셔 누르거나 브러쉬로 바르거나 용액을 스프레이한다.
- 마스크가 습기를 흡수하게 되면 피부에 밀착되고 마스크 안에 함유된 콜라겐 성분이 피부에 서서히 흡수된다.
- 보습효과로 인해 잔주름이 개선된다.
- 모든 피부에 적용가능하며, 약 **20~30**분 후 걷어낸다.
- 순수 천연 콜라겐(Natural Collagen)의 현탁액을 낮은 온도로 건조시켜 얻은 마스크로, 피부의 결합조직세포와 흡사하게 얇게 만들어 처리 시킨

것으로 피부 깊숙이까지 침투가 가능하다.

- 건성, 노화피부 또는 여드름피부, 필링 후 재생관리 등으로 사용하면 효과적이다.

① 붙이는 방법

㉠ 스폰지에 전용 콜라겐 마스크 용액 또는 증류수를 묻혀서 붙인다.

㉡ 브러쉬를 담가서 붓으로 발라준다.

㉢ 전용용액 자체가 스프레이식으로 시판되는 용액은 직접 얼굴에 분무하여 붙인다.

② 주의사항

반드시 유분막이 제거된 상태(fatt free)에서 마스크를 붙인다.(마사지 전)

<이유>

- 콜라겐은 입자가 아주 미세함으로, 마사지를 통하여 이미 유분(oil)의 침투가 이루어진 상태에선 수용성의 콜라겐 침투가 어려우므로 효과가 저하되기 때문이다.
- 사용 전 코 부위 등 미 절개된 제품은 눈, 코, 입부터를 미리 절개하여 숨구멍을 내고 굴곡이 심한 목 부위도 미리 절개하고, 겹치거나 남는 부분을 자른 후에 아이 마스크로 사용한다.
- 젖은 손으로 만지지 않는다.
- 기포가 형성되지 않게 유의하여 피부와 완전하게 밀착시켜 붙인다.
- 제거 시 콜라겐 시트가 절대로 건조된 상태가 되면 안 되고, 시간 경과마다

용액을 충분히 피부에 적용한다.

③ 효과

㉠ 세포를 재생시켜 노화를 방지하고, 탄력성을 부여하여 잔주름을 제거시켜 준다.

㉡ 독성을 제거해주고, 피부를 맑고 투명하게 해 준다.

㉢ 눈 주위 그림자인 눈 그늘을 감소시키고, 모공이 축소된다.

(2) 왁스 마스크(파라핀 마스크, Wax Mask)

- 왁스 파라핀, 에틸알코올, 스테아릴 알코올 등이 혼합되어 만들어진 마스크다.
- 실온에서는 고형이므로 사용직전 녹여서 사용한다.
- 녹인 마스크를 피부에 바르면 높은 온도로 모공이 열려 피지와 불순물이 배출되고 피부에 열을 가함으로써 피부의 영양 흡수력이 강화되어 피부의 탄력성과 보습력이 증대된다.
- 중성, 건성, 노화 피부에 좋고 민감성피부와, 모세혈관 확장 피부에는 사용하지 않는다.
- 시술 전 눈썹에 두껍게 크림을 바르고 아이패드를 덮는다.
- 거즈를 덮은 뒤 1시간 정도 후 완전히 응고 되면 주걱을 이용하여 떼어낸다. 시술방법은 석고 마스크와 비슷하다.

(3) 알고마스크(Algo Mask, Algien - Mask, Seaweed - Mask)

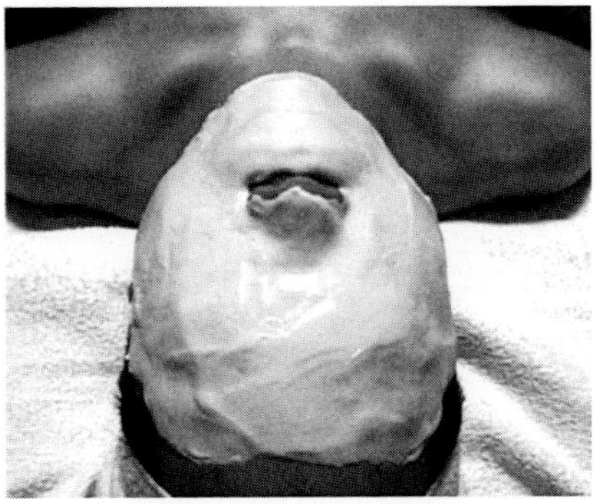

▲모델링 마스크(알고/황토)

- 해초에서 추출한 알긴산이 주성분인 마스크이다.
- 20분 후 고무판모양으로 응고 되면 제거한다.

① 효과

㉠ 세럼 또는 앰플 도포 시 차단막의 효과로 세럼 활성 성분이 보다 효과적으로 흡수된다.

㉡ 피부의 홍반 또는 발적 현상을 진정시켜준다.

㉢ 피부의 독성과 노폐물이 제거된다.

㉣ 피부온도를 낮춰 줌으로써 림프 순환을 촉진시킨다.

㉤ 눈 주위의 부기 및 다크서클을 감소시킨다.

㉥ 피부에 윤기를 부여 해주고, 모공을 축소시킨다.

(4) 석고 마스크(modelling - M, modelage - M, thermopgoresis - M, gypsum - M)

- 분말의 형태로 되어 있으며, 석고용약, 화장수, 증류수 등을 희석하여 얼굴에 바르면, 수 분 후 석고의 온도가 올라가 열이 난다.
- 얼굴, 가슴, 등, 다리 등의 신체부위에 적절하게 사용할 수 있다.
- 강한 필링시술 후 또는 방금 목욕이나 사우나를 한 고객에게는 사용을 금한다.

① 사용방법

㉠ 피부타입에 맞는 앰플 또는 세럼을 바른다.

㉡ 석고전용 크림을 두껍게 바르는데 특히 눈썹주위엔 더 두껍게 바르거나 아이패드 적용 시 아이패드를 눈썹까지 넓게 덮어 준다.

㉢ 아이패드를 덮는다.

㉣ 모발에 석고가 붙지 않게 티슈로 잘 싼다.

㉤ 미리 준비해 둔 거즈에 숨구멍을 내고 거즈를 얼굴에 덮는다.

㉥ 석고를 용액과 희석할 때 너무 되거나 묽게 희석하지 않는다.

㉦ 석고는 시간이 경과함에 따라 응고되므로 가능한 빠른 동작으로 바른다.

㉧ 석고 도포 시 전체 두께가 일정하면 열효과를 더 얻을 수 있다.

㉨ 열이 완전히 식으면 턱 선에 양손으로 가볍게 비튼 후 밑에서 위로 떼어 낸다.

㉩ 석고 팩 볼에 남아 있는 잔여석고는 절대 씻어내지 않고, 응고 후 스파툴라로 잘 긁어 제거한 후 쓰레기통에 버리고, 다시 잘 닦아 물에 볼을 씻는다.

㉪ 반드시 사용 전 밀실공포증 여부를 문의한다.

㉣ 축농증일 경우 코와 입 주위는 석고를 도포하지 않은 채 열어 놓아야 한다.

② 효과

㉠ 열 효과로 앰플 등의 유효성분을 피부 깊숙이 침투 시킨다.
㉡ 피부의 피지, 각질 등의 노폐물을 흡착한다.
㉢ 미네랄 성분을 침투시켜 염증을 완화시킨다.
㉣ 혈액순환을 원활히 하여 피부에 생기와 탄력성을 부여한다.

③ 금기

㉠ 모세혈관 확장 피부
㉡ 화농성 여드름 피부
㉢ 안면에 피부병이 있는 피부
㉣ 얼굴에 열이 있는 피부
㉤ 일광 후 홍반현상이 발생한 경우
㉥ 강한 필링 시술 후
㉦ 과한 목욕이나, 사우나를 한 후

(5) 고무 마스크(Rubber Mask)

- 분말타입으로 해초가 주성분으로 피부진정, 화이트닝, 여드름, 예민한 피부에 효과적이다.
- 도포 20분 후 피부에 자극 없이 한 번에 떼어낼 수 있어 시술이 간편하며, 요즘은 야채, 과일 등의 다양한 자연식물성 성분을 첨가해서 사용하여 효과를 높이고 있다.

Salon Teatment of Esthetic

PART 3

전신관리

CHAPTER 01 전신관리

CHAPTER 02 손, 팔관리

CHAPTER 03 등관리

CHAPTER 04 다리관리

CHAPTER 05 가슴관리

CHAPTER 06 복부관리

01 CHAPTER 전신관리

1 전신관리의 목적

전신관리는 안면을 제외한 신체의 모든 부위를 대상으로 하며 미용기기와 수기 관리를 적용하여 수술이나 약물요법 없이 근의 이완과 혈액순환을 통한 전신의 피로 완화와 스트레스 완화 및 부종 관리와 등, 가슴, 배, 팔, 다리 부위를 아름답고 건강하게 유지, 탄력 증진해 주는데 목적이 있다.

인체의 기능을 정상적으로 유지시키고 건강하고 아름다운 체형을 만들며, 인체의 결함을 보완한다.

전신관리로 신진대사 균형을 상실하게 하는 원인을 생리적, 물리적, 심리적 방법을 이용하여 치료효과도 얻는다.

2 전신관리의 효과

1) 혈액순환 촉진 효과

전신관리는 피부의 근육의 혈행을 좋아지게 하는 것과 동시에 피부의 감각 수용기를 자극하여 피부의 표재혈관을 반사적으로 확장시키므로 피하정맥혈을 심장으로 돌려주어 심장의 부담을 가볍게 하고, 전신의 혈액순환을 바꾸어 준다. 피부의 혈행이 좋아지면서 각 조직의 신진대사가 왕성하게 되고 불필요한 노폐물을 제거하는데 효과가 있다.

2) 진정작용

비정상적으로 신경이나 근육의 기능이 항진되어 있을 때 적절한 관리로 그 기능을 진정시키는 작용을 말한다. 그러나 이 경우 주의해야할 점은 통증이 있을 때 그 국부 자극에 대한 감수성이 예민해지므로 자극의 범위와 강도에 충분히 유의해야 한다.

3) 흥분작용 효과

기능이 감퇴, 저하된 근육이나 신경에 관리를 실시하여 흥분작용을 유도하며 항진효과를 높여 기능을 회복하게 도와주는 작용을 말한다.

흥분작용을 행하는 관리는 비교적 약하게 자극을 주는 것이 좋고, 수기로 하는 방법으로는 경찰법(Effleurage)과 유연법(Petrissage)이 적합하다.

4) 반사작용 효과

손상이나 피로한 부위에서 멀리 떨어진 그 곳과 상응하는 곳을 관리하여 신경, 근육, 내장 등에 간접적인 자극을 가함으로서 기능을 회복시키는 작용을 말한다.

5) 전신조절작용 효과

전신관리는 신체의 표면으로부터 리듬감 있는 촉압을 가하여 피부나 근육에 분포하는 신경의 기능을 활성화시켜 신경의 기능을 증진시키거나 진정시키는 역할을 한다. 관리 동작에 따라 편안함과 상쾌함, 근육의 이완 효과를 갖게 되고, 근육이나 피하조직에 자극을 주어 그 부분의 혈행을 좋게하며 전신적으로 자율신경이나 내분비선의 작용에도 좋은 영향을 주므로 심신의 균형을 도모하는 효과가 있다.

6) 내장기능 회복 효과

복부관리의 경우 혈행의 흐름을 좋게 하여, 위장 이외의 모든 복부 장기 기능증진에 효과가 있으며, 소화와 흡수를 촉진시켜 준다. 또한 흉부관리의 경우 호흡기, 순환기의 기능을 원활하게 해주는 효과가 있으며, 등관리와 허리 관리의 경우 그 부위의 근육이 뭉침으로써 오는 결림이나 통증을 제거하고 반사적으로 호흡기, 순환기 위장 기능도 좋아지게 하는 효과가 있다.

3 셀룰라이트의 관리(Cellulite Treatment)

1) 셀룰라이트의 정의

셀룰라이트(Cellulite)란 체내에 쌓인 노폐물과 수분이 피하지방과 섞여 주머니처럼 뭉쳐져 있어 오렌지 껍질모양의 울퉁불퉁해진 모양으로 피부의 변화된 상태를 표현하는 말로 의학용어는 아니다.

1920년대 처음 이런 증상을 국소적인 수분 대사의 이상 때문이라 생각했으며 셀룰라이트라는 용어는 의학계보다 미용관련 업계에서 먼저 사용하기 시작하였다.

셀룰라이트는 Cellulites의 불어적 표현으로써 연부조직의 염증을 의미하지는 않는다.

지금까지 알려진 셀룰라이트 형성의 중요한 병태생리학적 변화는 지방세포의 비대 혹은 증식으로 인한 피하조직의 이상 현상으로 결체조직, 특히 뮤코다당질의 과중합에 의해 결체조직을 이룬 물질들의 점도 증가와 미세순환 장애라고 할 수 있다.

최근 정맥부전환자와의 연관성이 높아져 있는 조직액의 압력과 단백질 농도 등으로 미루어 미세혈액순환계의 변화가 셀룰라이트의 발생에 관련이 있을 것으로 보고 있다.

부분 비만이라고도 알려져 있으나, 지방세포의 지방축적이나 지방세포 증식에 의해 발생하는 비만과는 달리, 셀룰라이트에는 진피, 지방층 및 미세혈액순환계에 걸쳐 구조적인 변화가 동반된다.

또한, 트리글리세라이드와 유리지방산의 조성이 셀룰라이트와 비만에서 다르게 나타난다.

비만한 사람이 셀룰라이트 증상을 함께 동반하는 경우가 많지만 반드시 동반하는 것은 아니며, 반대로 비만이 아닌 사람의 경우에도 셀룰라이트 증상을 나타내기도 한다.

보통의 지방은 운동으로 연소되는 지방이며, 신체의 에너지로 전환되어 소멸되지만 셀룰라이트는 운동으로 감소되지 않는 특수지방이다.

저열량 식사와 운동을 하게 되면 지방은 빠지게 되나 셀룰라이트의 경우는 지방이 연소되지 않고 수분과 노폐물만 빠지게 된다.

어원학 상으로 셀룰라이트는 여성의 몸매에 영향을 주는 피하조직의 국소대사성 질환이라고 정의할 수 있다.

셀룰라이트는 특정 부위의 피하에 지방이 축적되면서 건강상의 순환장애를 일으켜 부종과 결절이 생성되면서 피부와 체형의 변화를 초래하는 미적결점이라 할 수 있으며, 남성보다는 95% 이상 여성에게 나타나는 여성의 건강 문제로 반드시 관리할 대상이다.

셀룰라이트는 주로 호르몬 분비가 왕성한 10대 후반, 임신과 출산시기, 폐경 후 과다한 체중 증가가 있을 때 잘 생기며 허벅지나 둔부, 허벅지의 경계 부위처럼 지방이 축적되기 쉬운 부위에 생기기 쉽다.

2) 셀룰라이트의 진단

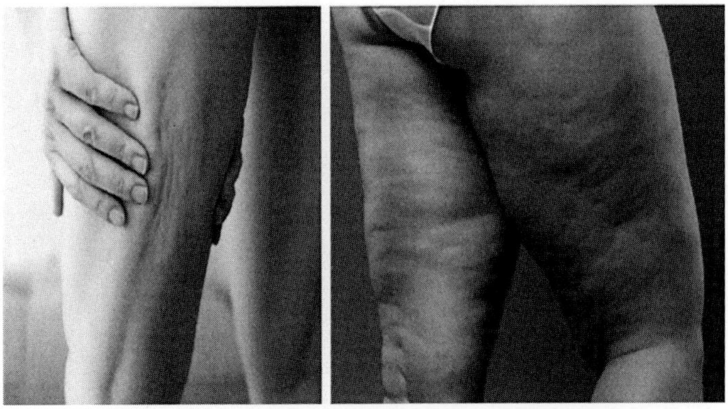

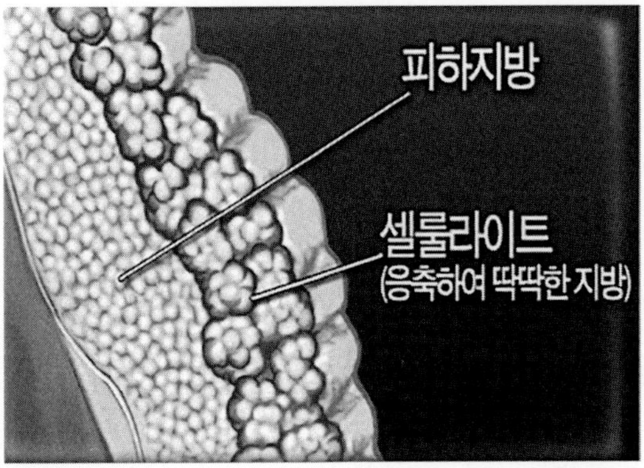

▲ 셀룰라이트 〈출처 : https://horizonposting.com/entry〉

셀룰라이트는 대퇴부, 둔부, 무릎 안쪽, 복부, 팔 등에 주로 발생하며, 진단 방법으로는 양손을 측정부위를 정하여 일정 간격 사이를 세게 누르면 표면에 울퉁불퉁한 융기를 관찰함으로써 셀룰라이트의 존재를 확인할 수 있다.

피부를 두껍게 집어 올렸을 때 다음과 같은 증상을 고객이나 시술자가 느끼게 된다.

(1) 셀룰라이트 부위의 1차적 증상

① 다른 부위보다 피부가 차가운 느낌이다.
② 피부의 예민성이 증가된다.
③ 피부의 탄력이 감소한 느낌이 든다.
④ 피부에 결절이 느껴진다.
⑤ 피부의 부피가 증가된 느낌이 든다.

(2) 셀룰라이트 부위의 2차적 증상

① 다리가 잘 붓고, 무거움을 느낀다.
② 손끝과 발끝이 항상 차가움을 많이 느낀다.
③ 하지의 경련이 잦고, 마비감을 자주 느낀다.
④ 하지 정맥류 현상이 나타난다.
⑤ 셀룰라이트 부위에 모세혈관 확장증을 동반한다.
⑥ 피부건조 증상이 생기고, 가려움증이 나타난다.
⑦ 셀룰라이트 부위의 피부색은 누르스름하고 생기가 없다.

(3) 셀룰라이트의 생성 과정

셀룰라이트는 지방구 세포의 과잉축적, 미세혈액순환 장애, 결합조직 및 지방조직의 변성이라는 3가지의 현상이 연쇄적으로 발견됨으로써 생성되는데 그 생성 과정을 이해함으로써 효과적인 관리방법을 선택하는 기초가 된다.

① 충혈단계

피하지방조직의 구조가 변화하는 단계라고 할 수 있는데 지방구 세포들끼리 서로 뭉치고, 콜라겐 섬유들은 점점 밀도 높게 밀집된다.

② 혈행장애단계

밀집된 콜라겐 섬유들이 현관을 누르게 되므로 혈장 성분들이 지방구 세포 사이로 스며 나와 부종을 유발하게 된다.

③ 경직화단계

수분과 노폐물이 축적된 결합조직들에 의해 갇히게 된 지방구 세포의 축적이 셀룰라이트의 특징인 피부 융기를 만들게 되는 것이다. 결국 자연적인 콜라겐 분해과정이 감퇴되므로 결합 조직의 조기 노화를 부르게 된다.

3) 셀룰라이트의 종류

관찰되는 셀룰라이트의 형태는 개인마다 다를 수 있고 또는 신체부위마다 다른 특성을 나타낼 수 있는데, 대부분은 아래의 4가지 형태가 공존하거나 서로 간에 계승될 수 있다.

① 압축형 셀룰라이트(Compact Cellulite)

셀룰라이트가 빽빽이 자리 잡은 상태로 민감한 사람보다는 무감각한 사람들에게 잘 나타나 있는 것으로, 심하면 회복하기 어렵고 다른 신체 상태에 의해 변하지 않고 남아 있다. 푸름 빛을 띤 반점이 나타나기도 하여 튼 살의 초기단계처럼 보이며 더 발전하면 통증이나 감각과민을 불러올 수 있다.

② 부종형 셀룰라이트(Edermatose Cellulite)

덜 단단한 형태로서 하체의 정맥이나 림프순환장애가 함께 있는 상태이므로 쉽게 다리가 붓거나 무거움을 느끼게 되는 상태이다.

③ 연성 셀룰라이트(Flabby Cellulite)

스펀지처럼 매우 무른 형태로, 손으로 살을 잡았을 때 별 통증이 없으며 탄력 없이 처진다. 주로 허벅지 안쪽이나 팔 안쪽에서 찾을 수 있는데, 근육의 위축과 연계되어 있다. 이 형태의 셀룰라이트는 압축형 셀룰라이트를 관리하지 않고 오래 방치한 경우 또는 비만 관리를 위해 실시한 부적절한 식단에 의해 초래될 수 있다.

④ 섬유질 셀룰라이트(Fibrous Cellulite)

만졌을 때 촉감이 매우 딱딱한 것으로 가장 악화된 상태라고 할 수 있으며, 모세혈관으로부터의 영양 물질 공급의 부족으로 피부가 거칠고 건조하다.

4) 셀룰라이트의 요인

(1) 내분비 요인

인체의 지방대사과정에서 피하지방 세포는 호르몬의 수용체로서 그 영향을 받고 있다. 특히 성호르몬인 에스트로겐이 지방합성 대사에 큰 역할을 함으로써 여성의 셀룰라이트 형성에 깊이 관여한다.

여성호르몬은 섬유모세포의 증식을 유도하고, 콜라겐이나 히알루론산의 변성을 일으켜 국소 부종을 유발할 뿐만 아니라, 지방세포에서 지방 합성을 증가시킨다.

여성에게 있어서 사춘기, 임신기, 산후, 폐경기에는 호르몬 균형이 깨어지기 쉬워 셀룰라이트가 생길 가능성이 높아진다.

특히, 임신한 여성에서 인슐린이나 프롤락틴과 같은 호르몬이 증가하여 혈액순환이 원활치 못하게 되므로 셀룰라이트가 악화될 수 있다.

또한 경구피임약 복용도 셀룰라이트를 형성하거나 이미 존재하는 셀룰라이트 상태를 악화시킨다.

(2) 신경계 요인

감정적으로 불안정하거나 신경이 예민한 사람의 경우는 자율 신경의 위축으로 셀룰라이트의 생성 가능성이 높아진다.

신경전달물질인 카테콜아민(Catecholamine)은 피하지방세포막에 존재하는 지방분해작용의 β수용체와 지방합성작용의 α^2 수용체에 의하여 접수되어 중요한 역할을 하게 된다.

피하지방세포들은 그 부위에 따라 다르게 갖게 되는데 대퇴부, 엉덩이, 복부에 α^2 수용체의 숫자가 많아 이들 부위에 지방축적이 두드러지게 나타나는 것이다.

카테콜아민은 급격한 에너지 필요시에 지방 분해 작용과 혈관운동에 작용함으로써 대사율을 항진시키는 작용을 한다.

(3) 식이 요인

음식물의 섭취는 셀룰라이트 생성요인 중에 중요한 자리를 차지하고 있다. 지방이나 탄수화물이 많고, 섬유소가 적은 음식은 일반적으로 셀룰라이트를 악화시킨다.

동물성지방의 과도한 섭취, 고열량의 당분섭취, 술, 담배, 카페인 등의 섭취로 소화 장애, 변비, 혈행 장애를 일으켜 정상적인 노페물 배출이 이루어지지 않고 체내에 쌓여 진피의 결합조직 내에 정체 현상이 발생하여 셀룰라이트가 형성된다.

(4) 생활습관 요인

신체활동이 적어지고 하루일과를 고정자세로 오래 서 있거나 앉아서 생활하는 직업을 가진 경우는 셀룰라이트의 발생을 초래하는 충분한 환경을 제공한다.

(5) 심리적 요인

실제적으로 스트레스를 많이 받고, 불면증이 있거나, 신경이 매우 예민한 여성의 경우에 셀룰라이트 발생 가능성이 높다.

(6) 혈관장애 요인

정맥의 순환과 림프순환의 부족은 셀룰라이트 형성에 항상 연계되어 있어 서로간의 유발인자로 작용하게 된다.

운동 부족에서 순환장애가 있고 특히, 꽉 끼는 옷에서 오는 압박 등으로 인해 전체적인 순환장애에서 오는 경우도 있다.

나이가 들면서 림프의 그물조직이 노화되어 발생할 수도 있다.

5) 셀룰라이트 관리

셀룰라이트를 악화시키는 요인들을 먼저 제거한다.

매일 수분을 충분히 섭취하고, 술과 담배를 피하며, 규칙적인 운동과 식사를 한다.

셀룰라이트 관리로서 시행되고 있는 온열요법, 압박요법, 마사지요법 등 여러 방법들은 비만관리와 같은 방법으로 이루어진다.

이러한 방법들은 지방구 세포내의 과잉지방 저장, 순환계 장애라는 두 가지 원인에 초점을 맞추어 진행되며 축적된 피하지방 분해는 비만관리와 셀룰라이트 관리에서 공통되는 점이지만 순환계 장애를 개선시키는 관리는 셀룰라이트 관리에서 더욱 강조된다.

4 전신관리의 단계

① 고객 상담
② 체형 유형별 진단
③ 고객 차트 작성
④ 관리 계획
⑤ 관리 실행
⑥ 피드백 작성

전신관리 단계는 얼굴관리 단계와 유사하나, 차트 작성 시 전신관리에 중점을 두고 작성 한다.

고객의 신상과 건강 상태, 병력이나 복용중인 약물 등을 차트에 기록하여 두고 식습관이나 운동, 전신관리를 받은 경험 등등 문진법을 통해 차트를 작성 한다.

5 전신관리에 이용되는 신체 부위

전신관리를 할 시에는 얼굴관리와 같이 손바닥과 손가락을 사용하며, 손날이나 팔꿈치, 팔뚝 등 다양하게 사용하여 관리를 할 수 있다.

① **엄지손가락** : 강하게 압을 줘야하는 지압점을 압박하는데 이용한다.

② **손가락** : 해당부위에 하나의 손가락을 사용하거나 여러 개의 손가락들을 사용할 수 있다.

③ **손바닥** : 밀착하여 압을 가할 수 있어 넓은 부위를 관리할 때 이용한다.

④ **손날** : 손의 척골의 경계를 이용하여 앞뒤로 압을 줄 수 있다.
허리와 미골부위를 관리할 때 이용한다.

⑤ **손가락 관절** : 주먹을 살짝 쥔 채 이용한다. 좁은 부위에 강한 압을 줄 때 이용한다.

⑥ **팔뚝** : 넓은 면적을 관리할 때 이용한다. 팔꿈치를 90도로 굽히고 관리자의 체중을 실어 관리한다.

⑦ **팔꿈치** : 심부 압박을 할 때 이용한다. 엄지와 검지를 V자를 만들어 팔꿈치 끝을 V자 안쪽으로 넣어 관리한다. 강한 압으로 관리할 때 이용한다.

6 신체근육부위도

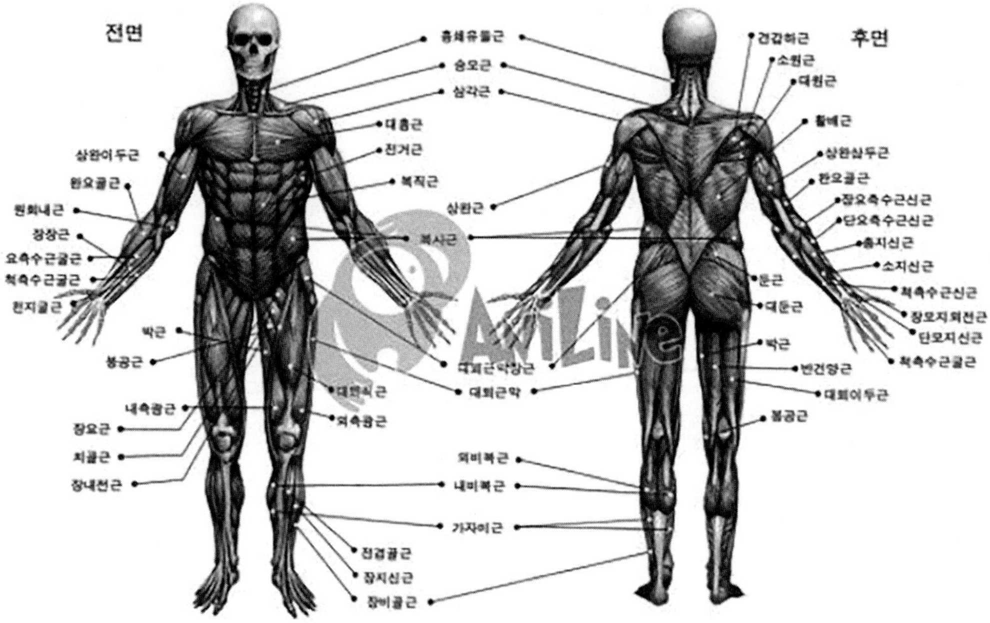

▲ 신체근육부위도 〈출처: https://www.pinterest.co.kr/pin/288793394845335948/〉

7 전신관리 시 준비사항

1) 관리실의 환경

① 관리실의 인테리어는 긴장감을 이완시키고 안정된 분위기를 주는 디자인이어야 한다.
② 조용한 분위기에서 관리가 되어야 한다.
③ 항상 청결하고 환기가 잘 되어야 한다.
④ 조명은 간접적인 부드러운 조명으로 고객의 피로를 풀어줘야 한다.

2) 고객의 준비

① 가운은 옷걸이에 걸어 옷장에 둔다.
② 작은 액세서리, 안경, 렌즈 등을 확인하여 보관한다.
③ 수도 시설이 갖추어져 있고 냉, 온수의 사용이 편리하여야 한다.
④ 방음시설이 잘 되어 있어야 한다.

3) 관리사의 준비

① 손은 항상 청결함을 유지하며 따뜻하게 하고, 손톱은 짧고 끝을 부드럽게 한다.
② 머리는 단정하게 하여 관리에 지장이 없도록 한다.
③ 관리의 불필요한 액세서리는 착용하지 않는다.
④ 관리사의 가운에는 이물질이 묻지 않아야 하며 밝은 계통의 깨끗한 복장 상태를 유지한다.
⑤ 관리 전 관리과정에 대해 설명한다.
⑥ 몸의 불쾌한 냄새가 나지 않도록 항상 유의한다.
⑦ 고객과의 충분한 상담내용을 토대로 유의하여 관리한다.

4) 용품 및 장비 준비

① 온장고와 냉장고에 충분한 타월을 넣어둔다.
② 미용기기의 작동여부와 전깃줄의 상태를 확인한다.
③ 관리 시 사용하는 장비들은 자외선 소독기에서 꺼내어 사용한다.

8 전신관리 시 유의사항

① 관리사는 관리 전 손과 손가락 운동을 한다.

② 관리 후 노출부위는 타월로 덮어준다.

③ 고객의 피부가 반응하는 정도를 살펴보면서 관리한다.

④ 관리사는 부위에 따라 체중을 적절히 이용한다.

02 CHAPTER 손, 팔관리

1 팔의 구조

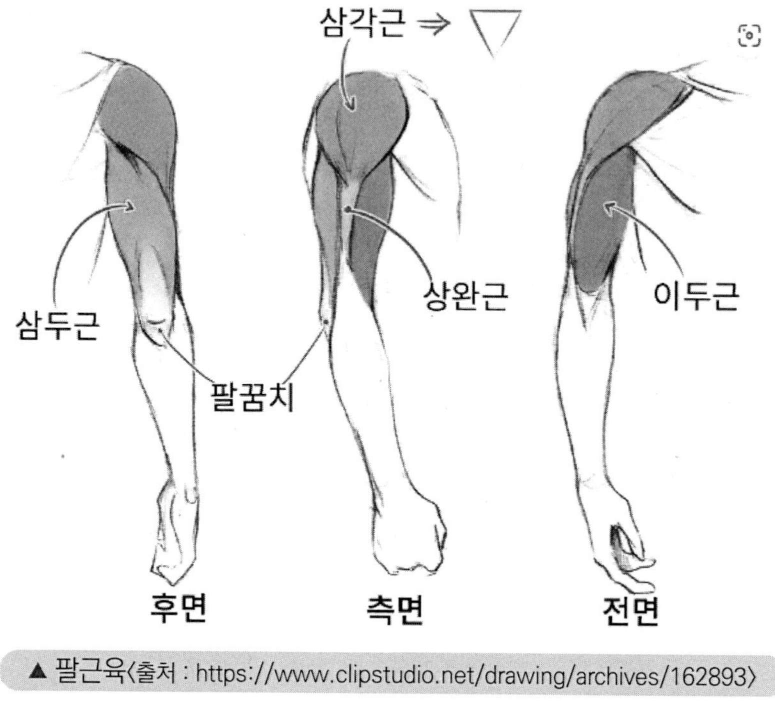

▲ 팔근육〈출처 : https://www.clipstudio.net/drawing/archives/162893〉

해부학상 어깨와 손목 사이의 부분으로, 꺾어지는 팔꿈치에서 위쪽을 상완, 아래쪽을 전완이라 하는데, 상완은 1개의 상완골이 축이 되고, 전완에서는 요골과 척골이 평행하게 있어 축이 되고 있다.

상지를 아래로 늘어뜨리고, 손바닥을 앞쪽으로 향한 팔의 위치에서 보면 요골은 바깥쪽에 있다.

상완골의 상단은 견관절로 견갑골과 연결되며, 하단은 요골과 척골이 주관절을 이룬다. 견관절은 구조상으로는 구관절에 속하며, 인체의 관절 중에서 가장 운동범위가 크다.

상완부에는 알통으로 알려져 있는 상완이두근과 상완삼두근이 있는데, 상완이두근은 팔꿈치를 구부리고 상완삼두근은 팔꿈치를 펴는 일을 한다.

2 팔의 근육

어깨와 손목 사이에 위치한 근육으로 위팔 근육과 아래팔 근육으로 구성되어 있다.

1) 정의

팔 근육은 어깨와 손목 사이에 위치한 근육들을 말한다. 일반적으로는 손과 팔 전체의 근육을 지칭 하나, 해부학적으로는 위팔(상완) 근육만을 지칭한다.

팔 근육은 크게 위팔 근육과 아래팔 근육으로 나눌 수 있다. 어깨와 손목 사이에 위치한다.

2) 하위기관

팔 근육은 크게 위팔 근육과 아래팔 근육으로 나눌 수 있다.

① 위팔 근육

위팔 근육은 세굽힘 근육(위팔두갈래근(상완이두근), 위팔근(상완근), 부리위팔근과 펌 근육인 위팔세갈래근(상완삼두근), 팔꿈치근으로 이루어진다.

② 아래팔 근육

아래팔은 굽힘 근육-엎침 근육과 폄 근육-뒤침 근육으로 구성된다.

굽힘 근육-엎침 근육에는 원엎침근, 노쪽손목굽힘근, 긴손바닥근, 자쪽손목굽힘근, 얕은손가락굽힘근, 깊은손가락굽힘근, 모엎침근이 있다.

폄 근육-뒤침 근육은 긴노쪽손목폄근, 짧은노쪽손목폄근, 자쪽손목폄근, 손가락폄근, 집게폄근, 새끼폄근, 긴엄지벌림근, 짧은엄지폄근, 긴엄지폄근으로 이루어진다.

3) 형태 및 구조

팔 근육은 크게 위팔 근육과 아래 팔근육으로 나누어지며, 위팔 근육은 위팔 앞 칸과 위팔 뒤 칸으로 나누어지고, 위팔 앞 칸에는 굽힘 근육들이 위치하고 위팔 뒤 칸에는 위팔의 폄 근육이 위치한다. 위팔 앞 칸에는 위팔두갈래근, 위팔근, 부리위팔근, 세 개의 굽힘 근육이 있으며, 근육피부신경의 지배를 받는다. 위팔세갈래근은 폄 근육으로 위팔 뒤 칸에 위치하며 노신경(Radial Nerve)의 지배를 받는다. 팔꿈치의 뒷면에 있는 작은 세모꼴 근육인 팔꿈치근은 자뼈의 뒷면 몸쪽 부분을 덮고 있다.

아래팔 근육도 위팔과 마찬가지로 아래팔 앞 칸과 아래팔 뒤 칸으로 나눠진다. 아래팔 앞 칸에는 아래팔의 굽힘 근육-엎침 근육들이 위치하고, 아래팔 뒤 칸에는 아래팔의 폄 근육과 뒤침 근육이 위치한다. 아래팔(전완)의 팔꿈치와 손목 사이로 아래팔 근육의 힘줄들은 아래팔 중 먼 쪽 부분을 지나 손목, 손, 손가락으로 이어진다. 아래팔의 굽힘 근육과 엎침 근육들은 아래팔 앞 칸에 들어 있으며, 대부분 정중신경의 지배를 받는다. 단, 자쪽손목굽힘근과 깊은손가락굽힘근 중 절반은 예외적으로 자신경의 지배를 받는다. 아래팔의 폄 근육과 뒤침 근육들은 아래팔 뒤 칸에 들어 있으며, 모두 노신경의 지배를 받는다.

4) 기능

위팔 근육들은 주로 팔꿉관절에 작용하여 아래팔의 굽힘, 폄, 엎침, 뒤침을 수행한다. 위팔 근육의 일부는 위팔의 굽힘과 모음을 돕고 어깨관절의 탈구를 방지하는 역할도 한다.

아래팔 근육들은 손목관절에 작용하여 손의 굽힘과 폄, 벌림, 모음을 일으키고, 팔꿉관절에 작용하여 아래팔의 엎침과 뒤침, 굽힘을 수행한다. 또한 손가락을 굽히고 펴는 작용을 하며 엄지손가락을 벌리는 작용도 한다.

3 상완이두근(위팔두갈래근, Biceps Brachii)

팔을 굽히고 안쪽으로 돌리는 역할을 하는 위팔의 앞면에 위치하는 근육이다.

1) 정의

이두박근이라고도 한다. 속칭 팔의 알통을 말한다. 상완이두근의 명칭은 근육이 긴 근육과 짧은 근육, 두 갈래에서 시작하기 때문에 붙여졌다. 위팔의 앞면에 위치한다. 긴 근육은 견갑골의 바깥쪽에서, 짧은 근육은 견갑골의 오구돌기에서 시작하여 합쳐져 전형적인 방추형으로 근육 가운데 부분을 형성한다. 또한 전면 팔 근육은 팔 이두근의 옆에 자리잡고 있으며, 자극을 가하여 힘을 주게 되면 두 부분으로 구성된 팔 근육이 합쳐져서 1개의 모습으로 보인다.

위팔의 앞면에 존재하며 팔을 굽히고, 들어 올리고, 안쪽으로 내전시키고 바깥쪽으로 외전 시키는 기능을 한다. 팔 이두근이 팔을 들어 올리는 기능을 할 때는 이에 앞서 팔이 바깥쪽으로 회전하는 외전 동작이 자연스럽다. 이 근육이 약하면 던지기, 밀기, 들기 등 기능을 수행하기가 어렵다.

2) 형태 및 구조

위팔의 앞면에서 어깨와 아래팔을 잇는 근육이다. 이 근육은 두 갈래, 즉 긴 갈래와 짧은 갈래에서 시작된다. 긴 갈래는 어깨뼈 오목위결절에서 시작되어 위팔뼈의 결절사이 고랑을 지나 짧은 갈래와 합쳐진다. 짧은 갈래는 어깨뼈의 부리돌기에서 시작된다. 두 갈래가 합쳐지면서 팔꿈치 쪽으로 내려와서 노뼈 거친면에 닿는다. 또한 위팔두갈래근의 널힘줄을 통해 팔오금을 가로질러 아래팔근막에 합쳐진다.

3) 기능

아래팔이 뒤침 상태일 때 아래팔의 굽힘 근육으로 작용한다. 짧은 갈래는 어깨관절의 탈구를 방지한다.

4 상완삼두근(위팔세갈래근, Triceps Brachii)

1) 정의

위팔 뒤쪽에 위치한 팔꿉관절을 펴는 커다란 방추근육이다. 상완삼두근은 세 갈래로 나누어져 시작되고, 팔꿉관절의 주된 폄 근육이며, 노신경의 지배를 받는다. 상완삼두근은 위팔의 뒤쪽에 위치한다.

2) 형태 및 구조

위팔세갈래근은 위팔의 뒷면에서 어깨와 아래팔을 잇는 커다란 방추근육이다. 위팔세갈래근은 긴 갈래, 가쪽 갈래, 안쪽 갈래가 각각 어깨뼈 오목아래결절, 위팔뼈 뒷면의 노신경고랑 위와 아랫부분에서 시작된다. 세 갈래는 아래로 내려오면서 하나의 힘줄로 합쳐져 자뼈 팔꿈치 머리 중 몸 쪽 끝 부분에 닿는다. 위팔세갈래근이 닿는 곳의 바로 위에는 위팔세갈래근 힘줄밑주머니가 있다. 위팔세갈래근 힘줄밑주머니는 위팔세갈래근 힘줄과 팔꿈치머리 사이에 위치하여 둘 사이의 마찰을 줄여준다.

3) 기능

위팔세갈래근은 아래팔의 주요 폄 근육이다. 긴갈래는 어깨관절을 가로지르기 때문에 어깨세모근 및 부리위팔근과 함께 위팔뼈의 탈구를 방지한다.

5 주관절(Elbow Joint)

팔꿈치의 관절로서 상완골과 요골 및 척골로 구성되며, 완척관절·완요관절·상요척관절로 나누어진다.

상완골과 요골 및 척골로 구성되며, 완척관절·완요관절·상요척관절로 나누어진다. 완척관절은 경첩관절(관절의 이음새)로 전완의 굴곡과 신전의 운동을 하며, 상요척관절은 차축관절로 전완의 연직축을 축으로 하는 내선(內旋)·외선 운동을 한다. 또, 완요관절은 굴신 및 내선·외선 운동을 하는데, 어느 것이나 완척관절과 상요척관절의 운동에 대해 종속적으로 일어난다. 즉, 상요척관절의 운동은 하요척관절과 동시에 일어난다. 3관절 모두 한 관절포내에 있다.

6 팔꿈치(Elbow)

상완의 상완골이 하단에서 요골 및 척골과 관절을 이루고 있는 부분이다.

그 범위는 불명확하다. 내부에는 주관절이 있으며, 상완골이 전완의 요골과 척골에 연결되어 있다. 굴측은 전주부로 가볍게 들어가 있으므로 주와라고 한다.

신축은 후주부로 척골의 주두에 해당하는 돌출부가 있다. 주와에는 상완이두근의 건이 접촉되고, 다시 그 안쪽에는 박동하는 상완동맥이 만져진다. 또한 피하정맥의 주정중피정맥이나 척측 및 요측피정맥 등이 있으며, 정맥주사나 채혈 등에 이들 정맥이 잘 이용된다.

7 팔 마사지의 목적

피부에 적당한 물리적 자극을 주어 피부와 근육의 대사를 촉진시키고, 기혈순환과 신진대사를 원활히 하여 팔 건강을 유지하고 노화를 예방하며, 적당한 자극으로 팔 비만 예방 및 팔에 따른 증상을 예방하고 완화시키며, 피로회복 및 건강한 피부를 만들어준다.

8 팔 마사지의 효과

팔과 손 마사지는 특히 근육을 단단하게 하고 뇌와 신경계통의 발달을 촉진시키며, 또한 혈액순환을 도와주고 손을 따뜻하게 보호해준다.

9 팔에 따른 증상들

1) 유착성관절낭염(Adhesive Capsulitis)

어깨관절을 이루는 조직 중에서 회전근개 관절 활액막, 상완이두근 및 주위조직을 침범하는 퇴행성 변화의 결과로 심한 운동장애를 일으키는 질환, 동결견이라고도 불린다. 하나의 독립된 질환이라기보다 내인적 혹은 외인적 원인 질환의 결과나 말기 증상의 한 형태로 나타나는 증상의 집합체를 일컫는다.

대개는 40~60세 사이에 경미한 어깨의 외상이 있고, 통증과 경직을 보인다. 임상적으로 몇 단계로 구분하여 설명하기도 하며, 각 단계는 보통 수개월씩 지속되고, 회복 과정은 1~2년 정도로 생각되지만 소수에서는 오랫동안 병적 변화가 지속되기도 한다.

치료로는 보존적인 방법으로 안정, 온열요법, 운동요법이 권유되며, 무엇보다도 환자로 하여금 회복될 수 있다는 확신을 심어주는 것이 중요한 과제이다.

전완의 다른 1개의 뼈보다 길며, 22~24cm로 위쪽은 굵고 아래쪽은 가늘다. 양 끝과 중간부의 척골체로 구별된다. 근위단의 골단은 크게 움푹 패어 있으며 상완골과 관절을 이룬다.

이 패인 곳의 뒷면은 잘 발달된 주두가 돌출되었으며 팔꿈치뼈로써 피부에서 만져진다. 주두에는 팔삼두근이 부착되어 있다. 근위단의 외측은 요골과 관절을 이룬다.

척골체는 거의 삼릉주형이다. 원위골단은 수근골과 관절을 이루며, 그 외측면에서는 요골의 관절면이 접촉되어 회전한다.

03 CHAPTER

등관리

1 등 마사지의 목적 및 효과

1) 목적

등 마사지는 등의 뭉친 근육을 풀어주며, 결림이나 통증을 제거하고 이완시켜주며 피부조직 또한 이완시켜 준다.

2) 효과

① 혈액순환을 증진시켜 피로회복 및 스트레스를 해소

② 신진대사 촉진과 심신의 안정

③ 체형관리에 도움

④ 등 마사지시 등을 누름으로 얻는 효과
위장병과 간장병, 심장병, 식욕부진, 위경련, 기관지 천식, 신경통, 담석증, 당뇨병, 신장병, 설사, 야뇨증, 차멀미, 부신 호르몬의 이상, 요통, 변비통, 생리통 등

2 등 마사지 전 체형분석

얼굴 마사지를 하기 전에 등 마사지를 먼저 수행하면 혈액순환과 신진대사가 촉진되어 시너지 효과를 얻을 수 있다.

등 마사지 전 고객의 몸 상태를 정확히 분석하고 문제점을 찾아내어 관리계획을 세우는 것을 기초로 하며, 자세 결함이 있는 경우 이를 교정하는 것에 초점을 둔다.

1) 체형 유형

① 내배엽형(Endomorph, 코끼리 형)

둥글고 통통하며, 팔과 다리, 목이 짧고 굵은 형으로 코끼리를 연상시킨다

하여 코끼리 형이라고도 부른다. 이 타입은 유전적 요인이든 비유전적 요인이든 식습관으로 날씬해질 수 있다.

② 중배엽형(Mesomorph, 호랑이 형)

체격이 건장한 타입으로 근육이 발달하고 강한 뼈를 소유한 형으로 호랑이 형이라고도 부른다. 이러한 타입은 활동을 계속하면 체중이 불어나지 않는다.

③ 외배엽형(Actomorph, 기린 형)

마르고 키가 크며, 허약한 타입으로 힘이 부족하여 저체중의 문제와 곡선미가 부족하다. 이 타입은 기린을 연상시킨다 하여 기린 형이라고도 부른다.

2) 자세 결함

자세에 결함이 있는 경우 이를 보정하는 것이 주요 관리이다.
바른 자세를 통하여 예방할 수 있다.

① 척추전만증(Lordosis)

일반인들이 말하는 척추전만증이라 함은 정상적으로 존재하는 허리뼈의 전만(앞으로 볼록하게 굽은 척추 배열 양상)이 병적으로 증가된 상태를 말한다.

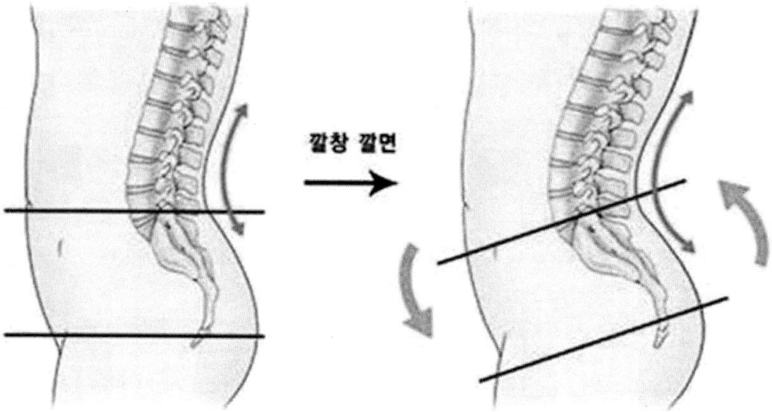

▲ 정상척추 ▲ 척추전만증

출처 : 척추전만증 – 검색 이미지 (bing.com)

② 척추측만증(Soliosis)

척추측만증은 척추가 정면에서 보았을 때 옆으로 휜 것을 지칭하나, 실제로는 단순한 2차원적인 기형이 아니라 추체 자체의 회전 변형과 동반되어 옆에서 보았을 때에도 정상적인 만곡 상태가 아닌 3차원적인 기형 상태이다.

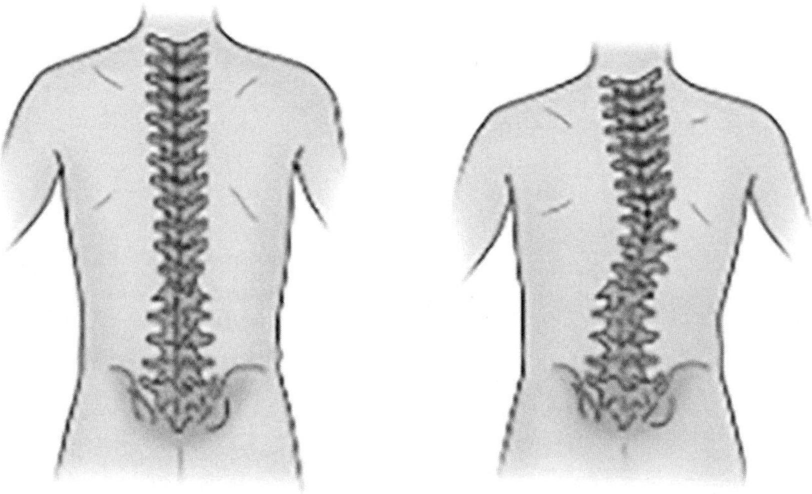

▲ 정상척추　　▲ 척추측만증

출처 : https://www.amc.seoul.kr/asan/main.do

사진은 등을 구부렸을 때 척추측만증 환자와 정상인의 차이를 보여준다.

③ 척추후만증(Kyphosis)

정상적인 척추는 옆에서 바라보았을 때에 목 쪽과 허리 쪽은 앞으로 볼록 나온 모양(전만곡)을 가슴 쪽과 엉덩이 쪽은 뒤로 휜 모양(후만곡)을 나타낸다. 그러나 추체, 추간판 및 주위 근육의 이상으로 인해 이러한 척추의 정상 모양이 아니고 흉부의 후만곡이 증가되어 있거나, 경부와 요부에서 후만 변형이 보일 때를 후만증이라 부른다.

3 등 근육 명칭 및 작용

1) 등 근육 명칭 및 작용

등 부위의 근육들로 척추와 상지를 연결해 준다.
어깨의 근육 또한 등 근육으로 설명한다.

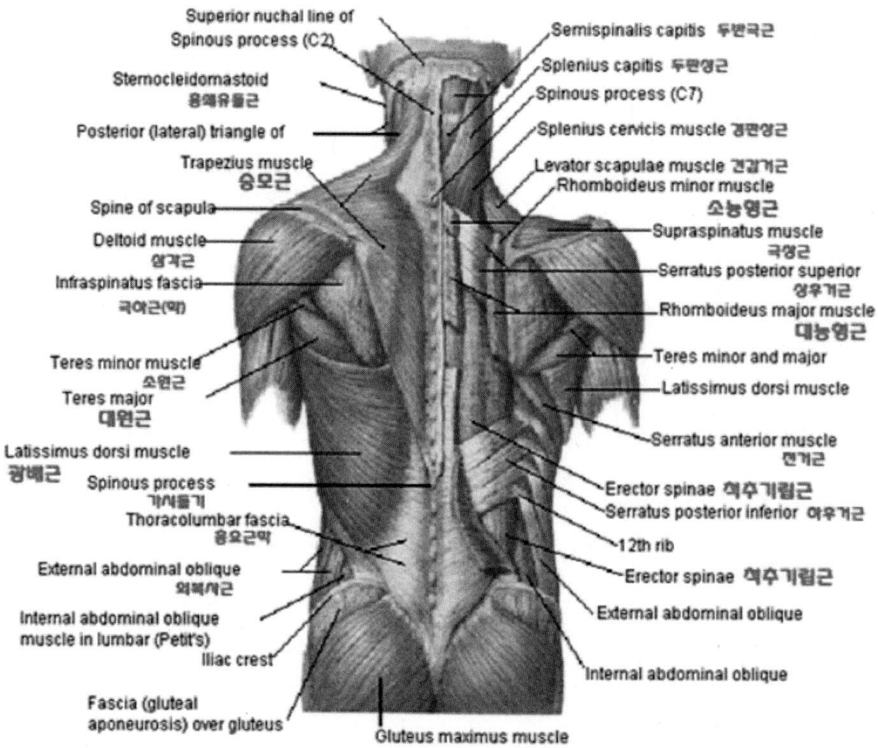

▲ 등 근육 〈출처 : https://m.blog.naver.com/kiltie999/70096106940〉

① **승모근**(등세모근, Trapezius)

등을 덮고 있는 삼각형의 근육으로 견갑골을 올리고 내리는 작용을 하며, 내전, 외전, 회전 운동에 관여한다.

부신경과 경신경총의 가지를 받고, 극돌기에서 기시하여 견갑극 및 쇄골에서 정지한다. 좌우 견갑골을 척주 쪽으로 움직여서 가슴을 펴는 운동을 할 때 작용한다.

② **광배근**(넓은등근, Latissimus)

상완골의 작은 결절에 부착하는 근육으로 팔을 펴거나, 어깨의 신전과 내전, 상완의 내전 및 내측회전을 한다.

수영, 등산, 노 젓기 등에서 팔을 뒤로 잡아당기는데 관여하기도 한다.

③ **소능형근**(적은마름군, Rhomboideus Minor)

견갑골을 안의 뒤쪽으로 당기고 상완의 내전과 신전에 관여하고, 견갑골을 내상방으로 잡아당긴다.

④ **대능형근**(큰마름근, Rhomboideus Major)

견갑골을 안의 뒤쪽으로 당겨 견갑골이 척추 쪽으로 모이게 하고 상완의 내전과 신전에 관여한다.

⑤ **견갑상근**(어깨올림근, Levator Scapula)

경추부터 견갑골에 이르는 띠 모양의 근육으로서 승모근을 덮고 있다.

견갑골을 안의 위쪽으로 끌어올려 어깨의 움츠림에 관여한다.

⑥ 판상근

머리와 목을 신전하고 경추를 회전, 측굴한다.

위치에 따라 두상판근과 경상판근으로 구분한다.

⑦ 척주기립근(척추세움근, Erector Spinae)

척추의 극돌기, 횡돌기 및 늑골 사이에 위치하며, 천골에서부터 두개골까지 길게 뻗어있다.

척주를 중심으로 가장 외측의 장늑근, 중간의 최장근, 가장 내측의 극근으로 구분한다.

척추 아래 부위부터 위를 향해 달리는 근육으로 척주를 지지, 신전, 아래쪽으로 당기는 작용을 하며, 한쪽만 수축하면 척주가 옆으로 굽는다.

⑧ 견갑하근(어깨밑근, Subscapularis)

상완의 내향과 내측회전에 작용하며 견갑아래 신경의 지배를 받는다.

⑨ 극상근(가시위근, Supraspinatus)

상완을 외전 시킬 때나 삼각근을 보조한다.

⑩ 극하근(가시아래근, Infraspinatus)

상완의 신전 및 외회전을 돕는다.

⑪ 대원근(큰원근, Teres Major)

상완의 내측회전 및 내전, 신전에 관여한다.

⑫ 소원근(작은원근, Teres Minor)

상완의 내전 및 외회전을 돕는다.

⑬ 삼각근(어깨세모근, Deltoid)

굵은 삼각형의 근육으로써 어깨관절을 덮는다.

상지에서 근육주사 부위로 이용되며, 상완의 외전, 굴곡, 신전 및 내, 외측 회전에 관여한다.

4 등 마사지 시 유의사항

① 관리 전 손과 손가락 운동을 하고 손을 따뜻하게 한다.

② 척추 등을 비롯한 뼈가 있는 부위에 필요 이상의 강한 압을 주어 마사지 할 시 뼈가 다칠 수 있으니 뼈가 있는 부위에는 직접적인 강한 압을 가하지 않도록 해야 한다.

③ 오일의 도포와 마사지 시작 시에는 부드러운 압력으로 시작하며 단계별로 압력의 변화를 주어 약에서 시작하여 중, 강 순서로 변화를 주고 마무리 단계에서는 강에서 중, 약으로 압력의 변화를 주고 부드럽게 마무리 한다.

④ 정맥의 림프 순환을 기준으로 하며, 안에서 바깥쪽으로, 아래에서 위로 행한다.

⑤ 관리 시 고객의 반응을 살펴보며 진행하고, 식사 후 1시간 정도 경과된 후 관리를 한다.

⑥ 오일이나 크림이 머리카락이나 속옷에 묻지 않도록 하며, 오일의 양이 과도하게 많거나 부족하지 않게 사용한다.

⑦ 마사지의 동작이 너무 빠르면 표면적 효과만 있을 뿐, 안정감과 휴식의 효과가 떨어진다. 너무 느리거나 너무 빠르지 않게 유지하여 행한다.

⑧ 마사지 부적용증으로는 감염성 질환, 화상, 외상, 접촉성 피부염, 악성 종양, 심한 민감성피부, 수술 직후는 관리를 하지 않도록 해야 한다.

5 통증 부위별 스트레칭 방법

1) 승모근

① 통증 유발점 : 집게촉진 시 경부와 경갑부가 만나는 부위

② 스트레칭 방법 : 경부를 굴곡, 반대쪽으로 측방굴곡, 같은 쪽으로 작은 회전

③ 스트레칭을 하는 동안 반대쪽의 통증을 느낄 수 있다.

2) 견갑거근

① 통증 유발점 : 경부와 견갑부가 이루는 각으로부터 2개 손가락 넓이의 하방 지점과 1개 손가락 넓이의 내측지점, 견갑골 상각의 근육의 부착부

② **스트레칭 방법** : 경부굴곡, 반대쪽으로의 회전, 굴곡을 강조하면서 반대쪽으로 측방굴곡

③ **스트레칭하는 동안 반대측 경부의 통증을 느낄 수 있다.**

3) 광배근

① **통증 유발점** : 액와의 후면에서 3개 손가락 넓이의 하방지점, 집게촉진을 한다.

② **스트레칭 방법** : 견관절을 180도 외회전 회전시킨다.

③ **스트레스 하는 동안 견봉 상부의 통증을 느낄 수 있다.**

4) 견갑하근

① **통증 유발점** : 견갑골 하와의 액와 면과 견갑골의 상위각 방향

② **스트레칭 방법** : 견갑관절의 회전 및 180도 외전시킨다.

③ **스트레칭 하는 동안 견봉 상부의 통증을 느낄 수 있다.**

5) 극상근

① **통증 유발점** : 견갑골의 견갑극 중간으로부터 1개 손가락 넓이의 상방지점과 견봉의 내측, 견갑골과 쇄골사이

② **스트레칭 방법** : 견관절의 내회전, 팔을 아래로 내린 상태에서 내회전과 수평 내전시킨다.

③ 견봉 전면 부위의 통증을 느낄 수 있다.

6) 극하근

① **통증 유발점** : 견갑골의 견갑극 내측에서 2개 손가락 넓이의 하방지점, 견갑골이 하각에서 3개 손가락 넓이의 상방쪽 지점

② **스트레칭 방법** : 견갑관절의 내회전 , 팔을 올린 자세에서 내회전 및 수평 내전을 실시

③ 견봉 전면 부위에서 통증을 느낄 수 있다.

7) 삼각근

① **통증 유발점** : 전부 - 견봉의 전면 끝에서 3개 손가락 넓이의 하방지점
후부 - 견봉의 후면 끝에서 2개 손가락 넓이의 하방지점

② **스트레칭 방법** : 전부 - 주관절의 신전, 견갑관절을 신전
후부 - 주관절을 굴곡시키고 상단을 높이든 상태에서 견관절을 수평시킨다.

③ 견봉 상부의 통증을 느낄 수 있다.

04 CHAPTER 다리관리

1 다리관리의 목적

사람의 다리부위는 신체의 아래쪽에 위치하기 때문에 신체기관 중 가장 힘든 체중 지탱을 담당하고 있다.

다리관리는 각 기관의 기능을 정상적으로 회복시켜주고 예방하는 건강관리 측면에서 매우 광범위한 영역을 포함한다.

다리부분에 정체되어 있는 혈액순환을 도와주고 림프배농의 효과를 볼 수 있다.

다리근육은 몸무게를 유지하고 육체적인 활동을 원활하게 하는 엉덩이, 넓적다리, 종아리, 발에 위치하는 근육이다.

2 다리근육의 명칭

골반의 근육, 대퇴의 근육, 하퇴의 근육, 발의 근육의 4무리로 형성되어 있다.

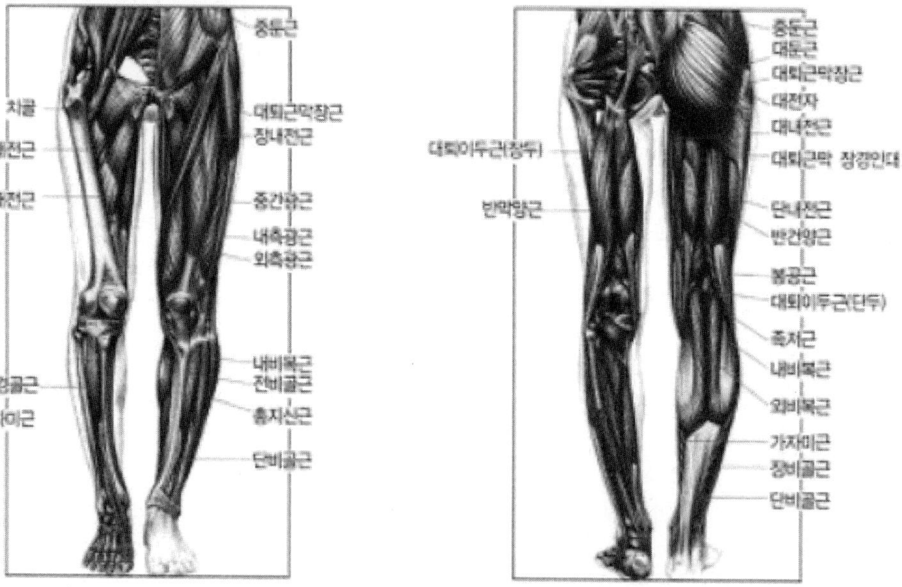

▲다리근육 〈출처 : https://blog.naver.com/domi11/120006748587〉

1) 대퇴의 근육

편짐근, 내향근, 굽힘근의 3군으로 분류한다. 펴짐근으로는 대퇴비스듬근(Sartorius Muscle) 등이 있으며, 내향근(장·단, 대내전근, Adductor Magnus Muscle), 반막모양근(반막양근, Semimembranosus), 반힘줄모양근(반건양근, Semitendinosus Muscle)이 있다.

2) 하퇴의 근육

하퇴의 근은 주로 발목과 발가락운동에 관여하는 근이다.

(1) 전하퇴근(앞 종아리 근육, Anterior Crural Muscle)

하퇴의 전외측에 있는 전경골근, 장지신근(긴발가락 펴짐근), 제3비골근 및 장무지신근(긴엄지 폄근) 4개의 근으로 구성되며 깊은 비골신경의 지배하에 발목의 운동과 발가락의 펴짐에 관여한다.

전경골근은 발의 등쪽 굽힘에 작용하고, 장지신근은 제2~5지의 신전, 제3비골근은 발의 배굴(등쪽 굽힘), 외번 및 외전, 장무지 신은 엄지의 펴짐에 작용한다.

(2) 외측하퇴근(Lateral Crural Muscle)

하퇴의 외측, 즉 비골에서 기시하는 장비골근과 단비골근은 말목을 굽히거나 젖히는 작용을 한다.

(3) 후하퇴근(Posterior Crural Muscle)

하퇴의 후면, 즉 종아리를 만드는 강력한 근육으로 얕은 층의 비복근, 가자미근 및 족척근과 같은 층의 장지굴근, 장무지굴근 후경골근, 슬와근으로 구성된다.

하퇴세갈래근은 발바닥을 굽히고 발의 뒤축을 올리고 무릎관절을 굽히는 작용을 한다. 비복근은 내측, 외측갈래로 대퇴골의 내측, 외측 상관절 융기에서 기시하고 가자미근은 경골과 비골의 위쪽 내측 모서리에서 기시하는데, 이 두 근육의 꼬리는 발꿈치 힘줄(아킬레스건)이 되어 발꿈치 융기에 부착하여, 발뒤축을 들어 올리는 운동과 발바닥을 굽히거나 무릎관절을 구부리는 운동에 관여한다.

아킬레스건은 강한 힘줄이지만 순간적으로 과도한 힘을 주면 끊어지는 경우도 있다.

3) 발의 근육

발의 근육은 발등 근육과 발바닥 근육으로 나누어지고 발등 근육은 깊은 비골신경의 지배를 받고 발바닥 근육은 경골신경의 지배를 받는다.

발의 근육은 발등 근육보다 발바닥 근육이 더 발달되어 있다.
발등 근육은 짧은 엄지펴짐근과 짧은 발가락펴짐근으로 구분된다.
엄지두덩근은 엄지발가락의 굽힘, 내향, 외향에 관여한다.
발바닥 근육은 둘째~다섯째 발가락의 굽힘, 펴짐, 내향, 외향에 관여한다.

(1) 발등근육(족배근, Dorsal Muscles of Foot)

단지신근과 단무지신근이 있으며 발가락신전에 관여한다.

(2) 발바닥근육(족척근, Plantar Muscle of Foot)

발바닥을 이루는 9개의 근으로 엄지두덩근, 새끼발가락 두덩근, 그리고 발바닥 근육무리로 구분된다. 엄지두덩근은 내측에 있는 발바닥 근육으로 엄지발가락의 굽힘, 내향, 외향에 관여한다. 새끼발가락 두덩근은 외측발바닥 근육으로 새끼발가락의 외향과 굽힘에 관여한다.

발바닥 근육 무리는 중앙발바닥 근육으로 둘째~다섯째 발가락의 굽힘, 펴짐, 외향, 내향에 관여한다.

3 다리근육의 작용

1) 내전근

내전근은 허벅지 안쪽 근육을 말하며 단축성 긴장이 발생하기 쉬운 근육이며 허벅지 비만이라든지 하지 부종을 가지고 있는 사람들은 내전근의 긴장을 가지고 있다.

내전근이 이완되지 않으면 하지의 순환 문제(하지정맥류를 포함한 다양 순환계 질환)를 일으킨다.

내전근은 1개의 근육이 아니고 정확하게는 5개 근육이 모여 있는 근육 그룹(Muscle Group)으로 내전근을 하나씩 살펴보면 치골근, 장내전근, 단내전근, 대내전근, 박근으로 구성된다.

내전근 앞쪽에 있는 대퇴사두근 중 내측광근과 연관되고, 뒤쪽에 있는 햄스트링 중 반막약근, 반건약근과 함께 영향을 주고 있다.

2) 치골근과 대내전근

내전근의 시작은 치골근(Pectineus Muscle)이다. 치골근 옆으로는 하지로 내려가는 중요한 신경, 혈관이 지나가는데 대퇴동맥, 대퇴정맥, 대퇴신경이 그것이다.

치골근은 막힌 서혜부를 열어주는 근육으로 치골근이 풀리지 않으면 서혜부 통증뿐만 아니라 하지 문제를 제대로 해결하지 못하게 된다.

대내전근은 발이 시리고 차가운 증상 해결과 연관된다.

박근(Gracilis)은 Tow Joint 근육으로 고관절과 슬관절을 지나가고 있어서 무릎을 펴고 다리 벌리기 시 잘 되지 않는 것은 박근과 관련이 큰 것이다.

3) 무릎관절과 무릎 신전

무릎을 펴는 근육은 허벅지 앞쪽에 있는 대퇴사두근이며 대퇴직근, 내측광근, 중간광근, 외측관근을 말하고 무릎의 건강유지에 관여하는 근육이다.

4) 무릎 굴곡근(슬괵근)

슬괵근은 허벅지 뒤쪽에 위치하는데 오랜 시간 앉아서 일하는 현대인에게 슬괵근은 항상 단축상태에 있게 된다.

슬괵근의 단축은 일자허리와 구부정한 체형을 초래하는데 이런 체형은 목의 문제를 발생시키고 심지어 얼굴 안면과 머리에 문제를 발생시킨다.

4 정맥류

정맥류(Varix)는 운동이 부족한 젊은 여성들에게서도 쉽게 관찰할 수 있고, 미용상의 문제뿐만 아니라 혈액순환의 문제와도 연관이 많은 증상이다.

정맥류(Varix)는 정맥류성 정맥(Varicose Vein)이라고도 하고 다리에서 가장 흔하게 나타나며 종아리, 무릎 뒤(오금), 대퇴 후면에서 쉽게 관찰할 수 있다.

정맥류가 발생하는 원인은 정맥에 있는 판막의 기능에 문제로 생겼기 때문이다.

정맥에 있는 판막은 심장으로 가는 혈액들이 역류하는 것(거꾸로 흐르는 것)을 방지하는 역할을 하는데, 이 판막이 제대로 기능하지 못하면 얕은 정맥에 피가 모이고 밖으로 돌출되게 된다.

그 결과 정맥류가 생긴 부위에 통증이 발생하기도 하고, 종아리 허벅지가 붓게 되며 경련이 발생하기도 한다.

정맥이 심장으로 복귀할 때 정맥의 흐름을 제한하는 근육들이 좋아지지 않는다면 정맥류는 또 다시 발생할 수 있다.

내전근은 심장에서 발까지 내려가는 (대퇴)동맥과 발에서 다시 심장으로 올라가는 (대퇴)정맥이 지나가는 관문이다.

내전근 열공(구멍)은 대퇴동맥과 대퇴정맥이 통과하는 곳으로 이 내전근 열공이 제대로 열리고 닫히지 않게 되면 정맥의 흐름을 제한하게 되어 쉽 게 정맥류라는 증상이 나타날 수 있다.

허벅지 안쪽 근육이 긴장되는 경우 또는 허벅지 안쪽에 지방이 많은 경우 모두 내전근을 제대로 사용하지 못해서 나타난 모습들이고 이것이 정맥순환에 문제를 일으키는 원인으로 작용한다.

CHAPTER 05 가슴관리

1 가슴관리 의의

가슴은 폐와 심장이 위치해 있는 곳이며, 또한 여성의 아름다움을 상징하는 유방이 있는 곳이다. 여성의 가슴은 30세 이후부터 노화되기 시작하며 모양이 흐트러지면서 처지게 된다.

그러므로 가슴관리를 하여 유방의 모양이 흐트러지지 않게 잡아주며 처짐을 예방하여 탄력적이고 아름다운 가슴을 유지할 수 있도록 한다.

뿐만 아니라 폐 기능을 강화하여 호흡기능을 개선한다.

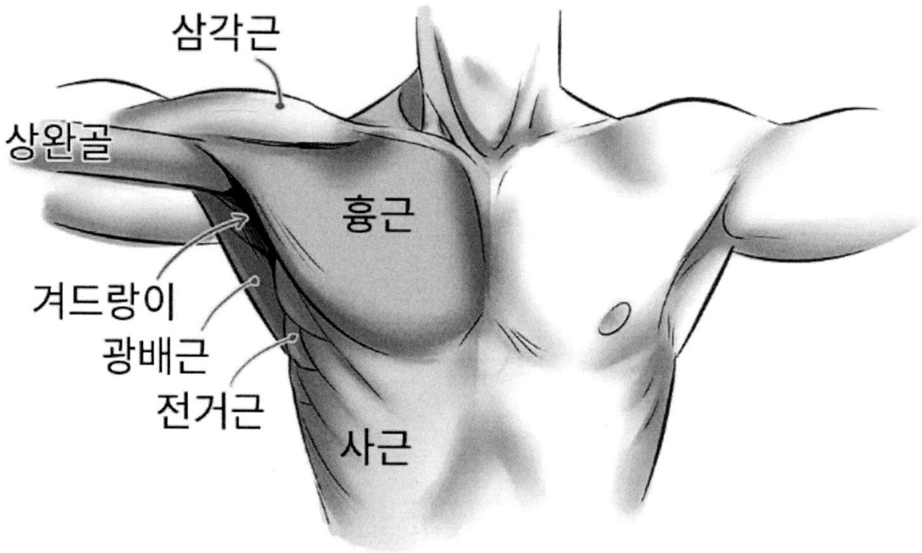

▲ 가슴근육 〈출처 : https://www.clipstudio.net/drawing/archives/162893〉

2 가슴의 해부학적 구조

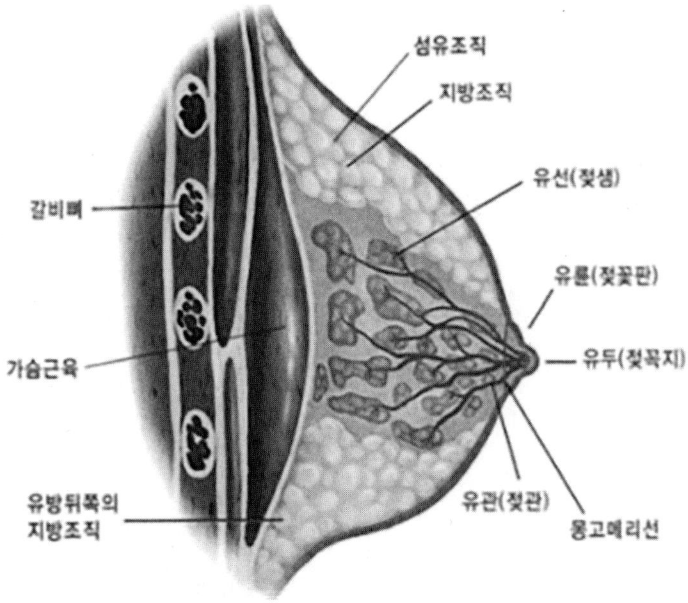

▲ 유방의 위치와 구조 〈출처: 국가암정보 센터〉

가슴은 위의 해부도와 같이 근육위에 유방조직이 얹힌 상태이다. 즉, 근육위에 지방조직이 얹혀있다고 볼 수 있다. 그래서 보통 다이어트를 할 때 체지방을 감소시키면 가슴의 사이즈가 줄어드는 현상이 나타난다.

3 가슴관리 시 유의점

① 노출하기를 꺼려하는 부위이므로 고객으로 하여금 수치심을 유발하지 않도록 주의해야 한다.
② 동작은 너무 빠르지 않도록 하며 전반적으로 리듬감 있게 시행한다.
③ 가슴부위는 다른 곳에 비해 매우 예민한 부위이므로 가슴 쓸어주기를 할 때 직접적으로 유두를 자극하지 않도록 한다.
④ 압을 너무 가하면 통증을 유발할 수 있으므로 유의한다.
⑤ 관리사의 손은 항상 따뜻하고 부드럽게 하여 고객이 불쾌하지 않도록 한다.

4 가슴관리 주요 동작

① 쓰다듬기 : 한 손 또는 손바닥 전체를 사용하여 피부에 밀착시킨 후 가볍게 쓸어주는 동작으로 주로 오일을 펴 바를 때와 관리 시 처음과 마무리에 사용되며 근육이완과 심리적 안정감을 주는 효과가 있다.
② 문지르기 : 손가락과 손바닥을 이용하여 적절한 압력을 가하면서 문지르

기 동작으로 나선형을 그리듯 하여 가슴 근육을 이완시키며 조직의 굳어진 부분을 부드럽게 풀어준다.

③ **반죽하기** : 엄지와 검지, 엄지와 사지를 이용해 피부를 반죽하듯 주무르는 동작이다. 밀착감을 크게 하여 가슴의 유착된 근육을 풀어주는 목적이다.

④ **진동하기** : 손끝이나 손바닥 전체로 흔들어 주는 동작으로 가슴을 올려주며 탄력을 위한 동작이다.

⑤ **퍼올리기** : 손을 이용하여 끌어 올리는 동작으로 가슴중앙(단중) 부위를 퍼올리듯 하여 혈액순환을 원활하게 한다.

성형 가슴관리이해

성형가슴을 관리할 때 어떻게 해야 할지 당황스러울 수 있으므로 조금이나마 이해를 돕고자 한다.

첫 가슴확대 수술 시, 스무드 보형물을 사용했다면 반드시 가슴관리를 해주어야 하며, 텍스쳐 보형물을 사용했다면 가슴관리가 필요 없으며 하면 안 된다고도 하나 의사에 따라 그 의견이 분분하기도 하다. 단지 의사의 지시에 따르며 스무드 보형물에 비해 텍스처 보형물을 조심히 부드럽게 다루어야 할 것이다.

그러나 재수술 한 경우는 보형물에 상관없이 반드시 가슴관리를 하지 말아야 한다. 가슴관리를 하면 안 되는 경우에 관리를 시행할 경우 출혈, 감염, 구형구축 증가, 보형물 회전 등의 합병증을 유발시키므로 반드시 의사의 지시를 따라야 한다.

가슴관리는 수술 후 3일째 시작하도록 하며 수술 후 2주간 집중적으로 시행한다. 이와 별도로 자가 가슴관리 교육을 시켜 하루 두 번, 30회 이상 열 십자 방향으로 주물러 짜듯이 6개월간 시행하도록 한다.

06 CHAPTER 복부관리

1 복부비만의 정의

부분비만 중 복부의 비만도가 높은 상태를 말한다. W/H(허리둘레/엉덩이둘레)의 비율로 보면 여자는 0.8, 남자는 0.9 이상이면 복부비만으로 본다. 허리둘레를 기준으로 보면 남자는 36인치(90cm), 여자는 34인치(85cm) 이상이면 복부비만으로 본다.

지방이 생기게 되면 남자는 주로 배에 살이 찌고 여자는 하체 쪽으로 많이 찌지만 여자도 폐경기 이후 여성호르몬이 감소하면 배에 살이 찐다.

복부비만은 배에 과도한 지방이 축적된 상태로, 한국인 허리둘레 기준으로 남자 90cm(35.4인치), 여자 85cm(33.5인치) 이상인 경우에 해당된다. 체내의 지방은 그 분포에 따라 피하지방과 내장지방으로 나눌 수 있는데, 특히 내장지방(체내 장기를 둘러싸고 있는 체강 내에 축적되는 지방)의 축적이 심할 경우 건강 위험률이 높아져 내장비만을 복부비만과 같은 용어로 사용하기도 한다.

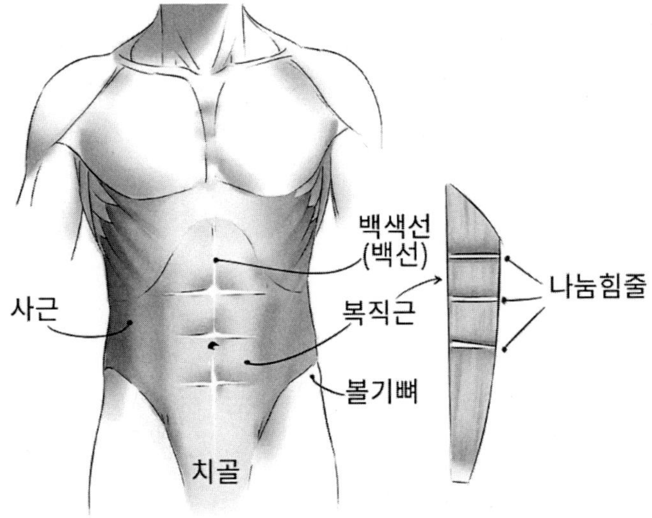

▲ 복부근육 〈출처 : https://www.clipstudio.net/drawing/archives/162893〉

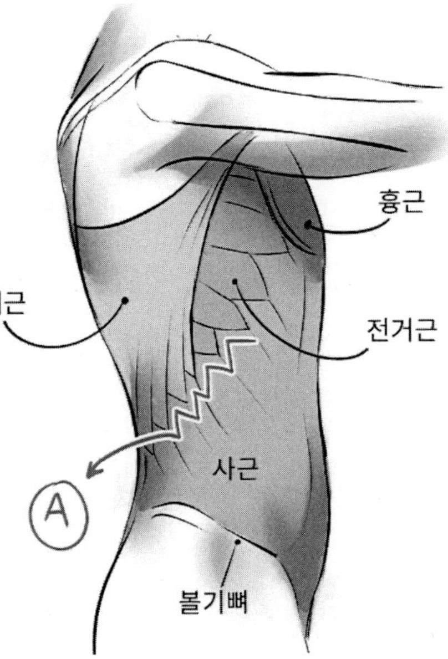

▲ 측면근육 〈출처 : https://www.clipstudio.net/drawing/archives/162893〉

2 복부비만의 원인

1) 잘못된 생활습관

남성들은 대부분 일의 연장이라는 명목으로 무리한 술자리가 자주 이어지며, 이때 과음과 과식을 피할 수 없게 된다. 또한 술을 마신 다음 날 아침은 거르게 된다. 이런 악순환을 거듭하게 됨으로써 점차 복부 비만으로 향하게 되는 것이다.

2) 운동부족

직장인의 경우, 집에서 회사까지 자동차로 출근을 하고 회사에서도 계단을 이용하기보다는 엘리베이터를 이용하고 저녁때에는 또 다시 자동차로 퇴근을 하고 근무하는 시간에는 주로 앉아 보내는 시간이 많아 특별히 운동을 할 시간이 없다. 또한 업무에 지친 상태에서 집에 오면 운동을 하지 않는 경우가 대다수며 이 또한 복부비만으로 연결 된다.

3) 술

알코올은 1g당 7kcal의 열량을 가지고 있다. 즉 술을 많이 마시게 되면 높은 열량의 섭취로 인해서 열량이 체내에 저장됨으로써 비만증이 된다.

4) 스트레스

현대인의 질병은 대개가 스트레스에서 발병한다. 비만도 예외가 아니어서 정신적인 스트레스가 비만을 유발할 수 있다. 급성 스트레스가 있게 되면 식욕이 줄어들게 되고 만성 스트레스에 시달리게 되면 식욕이 오히려 증가하게 된다. 이로 인해 과음 과식으로 열량 섭취가 많아져서 비만해 지기 쉽다.

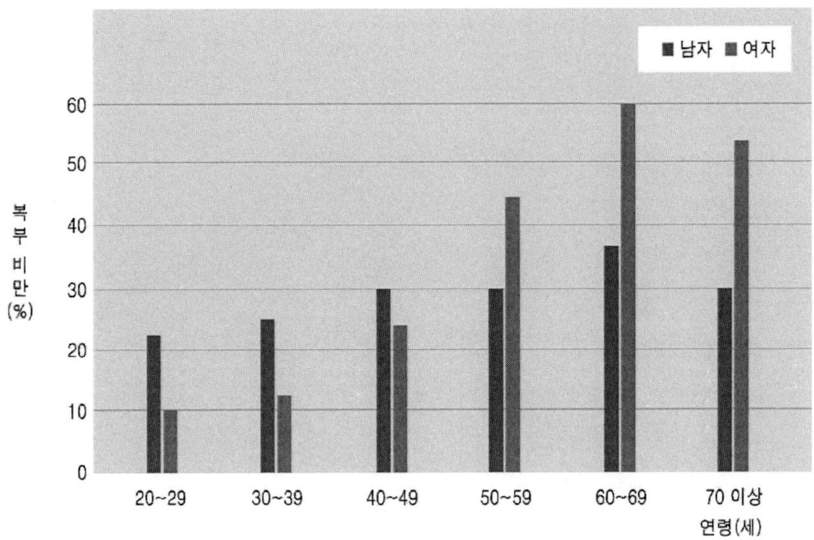

3 복부비만의 증상

뚜렷한 증상이 없는 경우가 많다. 전체적으로 체중이 증가하면서 허리둘레가 늘어나 자각하게 되지만 체중이 정상인 경우에도 복부비만인 경우가 있다. 내장지방 축적으로 인해 횡격막이 과다 신장되어 호흡운동 시 폐의 움직임을 방해하면, 수면 중 코를 골다가 호흡을 멈추는 수면 무호흡증을 유발할 수 있다.

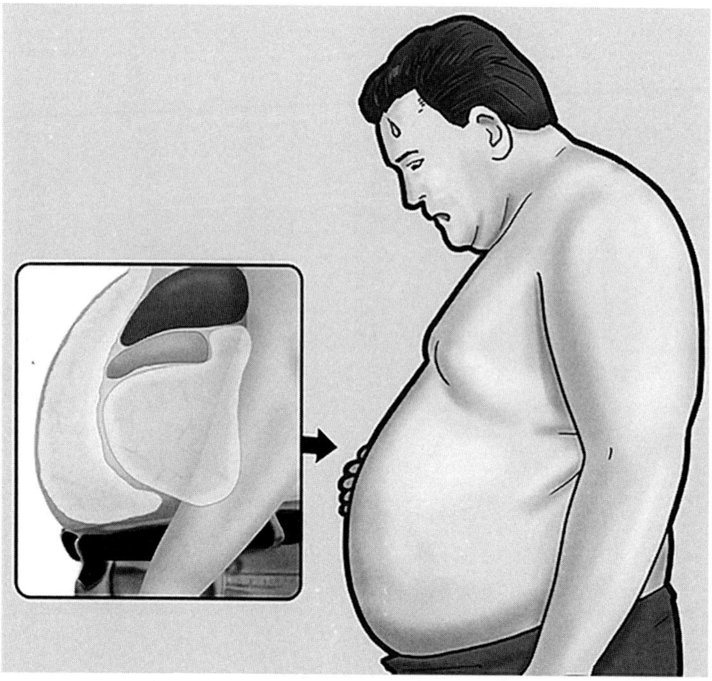

▲ 복부비만 〈출처: https://www.utoimage.com/?m=goods.photo_view&idx=21616265〉

4 복부비만의 형태

같은 복부 비만이라도 형태는 두 가지로 나뉠 수 있다.

1) 피하형

복강 밖 배의 피부 밑에 지방이 축적되는 것으로 즉, 복강과 배의 피부 사이 두께가 두꺼워지는 형태를 말한다. 피하형은 주로 성장기에 생기기 때문에 복부가 비만한 청소년들은 대부분 피하형이라고 보면 된다.

2) 내장형

위 주변의 막과 복강 내부 내장 사이를 가르는 장간막에 지방이 쌓여 살이 찐 것을 말하며 30대 이후 성인들에게 주로 나타난다. 성인병과 관련이 깊은 것도 바로 이 내장 형 비만으로 팔, 다리 등 신체의 다른 부위는 살이 없고 말랐는데도 유독 배에만 잔뜩 살이 쪘다면 내장형으로 볼 수 있다.

컴퓨터 단층 촬영 사진을 보면 피하형은 신체의 겉면을 따라 두껍게 지방질이 붙어 있는데 반해 내장형은 뱃속에 지방질이 쌓여 있는 것을 볼 수 있다. CT 결과, 내장 지방(V)과 피하 지방(S)의 비가 0.4 이상이면 내장지방형 비만이고, 0.4 미만이면 피하지방형 비만이라고 볼 수 있다.

5 복부비만의 해결 방법

1) 운동법

복부는 원래 살이 잘 찌기도 하는 부위이지만 살이 빠지면 제일 먼저 빠지기도 하는 부위이기도 하다. 빨리 걷기, 달리기, 수영, 자전거 같은 유산소 운동만으로도 복부비만은 해소가 잘 되는 편이다. 옆구리 운동이나 복근 스트레칭을 꾸준히 해주는 것도 복부비만의 해소에 도움이 된다. 윗몸일으키기는 무산소 운동이 되기 쉬워서 지방분해에는 큰 도움이 되지 않는다.

① 유산소 운동(조깅 VS 파워워킹)

달리기는 힘든 만큼 살 빼는데 효과가 좋다고 알고 있는데, 달리기 같이 운동 강도가 높아지게 되면 무산소 운동 수준이 되어서 체지방을 에너지로 사용하는 것보다 그날 먹은 음식의 칼로리를 에너지로 사용하는 비율이 높아진다.

이에 비하여 파워워킹은 유산소 운동의 수준이 높기 때문에 체지방을 에너지로 사용하는 비율이 높아져서 체지방 감량에 더 효율적이라고 할 수 있다. 또한 파워워킹은 관절에 부담이 적고, 힘도 적게 들어서 초보자도 쉽게 소화할 수 있는 유산소운동이다.

조깅의 경우 처음 20분 동안은 그 날 섭취한 음식(글리코겐)이 에너지로 사용되다가 20분 이후부터 체지방이 에너지로 사용된다.(그래서 조깅은 쉬지 않고 20~30분 이상해야 효과가 있다.)

파워워킹은 조깅보다 강도가 절반 수준 밖에 되지 않기 때문에 파워워킹은 쉬지 않고 40~50분 이상해야 효과가 있다. 빠른 걸음으로 30분을 하게 되면 탄수화물을 에너지로 사용되는 비율이 높아지기 때문에, 체지방을 에너지로 사용하는 비율이 높아지는 시간대(40~50분 이상)까지 해야 되는 것이다.

② 복근 운동

복부운동 같은 근력운동은 칼로리 소비 효과는 있지만 지방살을 빼는 데에는 효과가 없다. 대신, 탄력 있는 복부를 만들기 위해 필요한 운동이다.

상복부 운동으로는 크런치(누워서 상체를 반쯤 올리는 것)와 하복부는 레그레이즈(누워서 다리를 올리고 내리는 것)와 외복사근은 트위스팅 크런치(옆으로 틀면서 상체를 반쯤 올리는 것)가 있다.

㉠ 운동을 하는 요령

여성의 경우에는 15~20회 정도의 반복 횟수로 2세트 정도 실시하여, 다음날 알이 베기지 않는 선에서 마무리하고, 남성의 경우에는 마지막 횟수를 한계점(실패지점)으로 해서 3~5세트를 실시한다.(남자는 다음날 알이 배기도록 강도 높게 실시한다.)

하루는 상복부, 다음날은 하복부, 그 다음날에는 외복사근 이런 식으로 매일 실시해도 좋으며, 웨이트트레이닝 전 워밍업 운동이나 끼워 넣기 운동으로 실시해도 좋다. 하복부는 상복부 보다 약하기 때문에 먼저 실시하는 것이 좋다. 그래서 한번에 상, 하 외복사근을 모두 실시한다면 하복부 → 외복사근 → 상복부 순으로 진행하는 것이 좋다.

천천히 반복하며, 복부가 수축하는 자극을 느껴야 복근운동이 제대로 되고 있다는 증거다.

만약 정확한 자세가 어렵다면 쉬운 자세로 난이도를 낮추어서 실시한다.(예를 들어 손을 머리에 얹고 크런치 하는 것이 어렵다면 손을 바닥에 대거나 가슴에 대고 실시한다.)

정확한 자세로 15회 이상 반복이 가능하면 난이도를 높여서 실시한다.

운동전과 셋트 사이에 복부 주변을 스트레칭 해주면 부상 방지와 유연성증대에도 도움이 된다.

㉡ 주의사항

크런치 같은 상복부 운동을 할 때 머리를 손으로 끌어올리거나, 반동을 이용하면 운동효과는 떨어지기 때문에 정확한 자세로 복부의 힘에 의해서 동작해야 하며, 상체를 너무 올리면 척추부담이 커지기 때문에 상체를 들어 올리는 각도는 35~45도 정도로 반쯤 올린다.

머리를 들거나 숙이지 말고, 머리는 척추와 일직선상에 위치하게 해서 운동하며, 머리 뒤로 깍지를 끼거나 머리를 손으로 잡지 말고 손은 머리와 붙지 않게 하는 것이 운동효과를 높일 수 있다. 호흡법은 이완할 때 숨을 들이마시고, 수축할 때 숨을 내쉰다.

6 식이요법

뱃살은 운동 40%에 식이요법 60%로 빠진다. 운동으로 체지방을 태워도, 식습관에 변화가 없으면 다이어트 성공은 어렵다. 고단백, 저지방, 저칼로리식단으로 구성하고, 야채와 생선위주로 섭취하고, 야식과 간식은 금지하며, 음식량도 기초 대사량에 맞게 조절하는 습관을 들여야 된다.

또한 절대 금주를 실천해야 한다. 술의 높은 열량과 함께 먹는 안주는 뱃살의 주범이다. 특히 음주는 활동이 없는 밤에 먹기 때문에, 지방축적을 높여서 복부지방으로 쌓이게 된다. 또 알코올은 간에 부담을 주어서, 단백질 합성능력을 저해시키므로 복근을 만드는데도 방해요소가 된다.

① 너무 단기간에 체중을 줄여야 한다는 조급한 생각을 버려야 한다.
② 절식을 하되 식사량을 너무 심하게 줄이면 안 된다. 하루 세끼를 기본으로 하되 저녁 식사의 양을 3분의 2 정도 줄이는 것이 적당하다.
③ 저녁은 7시 전에 가족과 함께 하는 것을 원칙으로 한다. 외식을 해도 담백한 음식, 두부찌개, 오뎅 백반, 생선정식, 청국장, 칼국수 등으로 선택한다. 탕 종류를 먹더라도 밥을 한꺼번에 말아 먹기보다는 항상 전보다 적은 양을 먹어야겠다는 생각을 하도록 한다.
④ 술은 완전히 끊지 않아도 되지만, 취하지 않을 정도로 과일이나 야채 안주와 함께 먹어야 한다.
⑤ 음주 후에 해장국이나 해장라면 등을 먹고 곧장 자는 일은 절대로 없어야 한다. 위에 부담을 주고, 비만의 원인이 될 뿐만 아니라 해장에도 전혀 도움이 되지 않는다.

7 체지방

살이 찌면 자연스럽게 체중이 증가하고, 체중이 증가하는 것은 우리 몸에 체지방이 축적되는 것이다.

1) 역할

① 피부 밑에 있는 피하지방은 〈체온 유지〉 역할을 한다.
② 내부 장기를 둘러싸고 있는 내장지방은 〈장기 보호〉 역할을 한다.
③ 체지방의 과다 축적이나 감소는 〈호르몬 분비〉에 문제를 일으킨다.

8 복부의 근육

1) 복직근

척추와 함께 우리 몸이 쓰러지지 않게 균형을 유지하는 근육이다.
길고 넓은 가죽끈 모양인 복직근은 앞 배벽을 이루는 주된 세로 근육으로 백색선에 의해 양쪽으로 나뉘며 복직근과 나눔힘줄로 구성된다. 기능적으로 가슴 부위, 특히 척주의 허리 부위에 강한 굽힘근으로 작용한다. 일반인들에게 식스팩(Six Pack)이란 이름으로 널리 알려져 있다.

문제가 생길 시 복부 팽창감이 생기며, 월경곤란증이 느껴질 때 풀어주면 좋다.

2) 복사근

복근 양쪽의 옆구리 근육으로 우리 몸에서 몸통의 회전을 돕는 근육이다.

골반을 당겨 잡아주는 중요한 역할을 한다.

3) 복횡근

복부근들 중 가장 심부에 위치하며, 유일하게 평행으로 배열되어 있는 복부근이다.

이 근육은 사람의 위, 소장, 대장과 같은 장기를 코르셋 같이 둘러싸고 있는 근육으로서 복부 내의 공간이 크기를 결정한다. 다른 근육과 같이 외부로 돌출되는 근육이 아니기 때문에 보통 관리가 잘 이루어지지 않는다. 하지만 복부비만의 해소를 위해서는 복횡근을 단련해야 하며, 복횡근이 강화되면 내장기능도 강화되어서 쾌변을 도와 소화 흐름을 원활하게 해준다. 결론적으로 뱃살의 주범인 내장비만들을 해소하는데 도움이 된다고 한다.

Salon Teatment of Esthetic

부록

01. 2023년 미용사(피부) 실기시험문제(공개용)

02. 2023년 미용사(피부) 실기시험 변경 내역

03. 미용사(피부) 실기공개문제 관련 FAQ Vol. 2(문제관련)

04. 미용사(피부) 수험자 복장 감점 적용범위

05. 2023년 미용사(피부) 실기시험 수험자지참재료목록

06. 미용사(피부) 실기공개문제 관련 FAQ Vol. 2(재료관련)

01 2023년 미용사(피부) 실기시험문제(공개용)

국가기술자격 실기시험문제

자격종목	미용사(피부)	과제명	〈전 과제 공통〉

※ 문제지는 시험종료 후 반드시 반납하시기 바랍니다

※ 수험자 유의사항

다음 사항을 준수하여 실기시험에 임하여 주십시오. 만약 아래의 사항을 지키지 않을 경우, 시험장의 입실 및 수험에 제한을 받는 불이익이 발생할 수 있다는 점 인지하여 주시고, 시험위원의 지시가 있을 경우, 다소 불편함이 있더라도 적극 협조하여 주시기 바랍니다.

1. 수험자와 모델은 시험위원의 지시에 따라야 하며, 지정된 시간에 시험장에 입실해야 합니다.
2. 수험자는 수험표 및 신분증(본인임을 확인할 수 있는 사진이 부착된 증명서)을 지참해야 합니다.

3. 수험자는 반드시 위생복(상의는 흰색 반팔 가운, 하의는 흰색 긴바지로 모든 복식은 흰색으로 통일(1회용 가운 제외), 마스크 및 실내화(색상은 흰색 통일)를 착용하여야 하며, 복장 등에 소속을 나타내거나 암시하는 표시가 없어야 합니다.
4. 수험자 및 모델은 눈에 보이는 표식(예 : 네일 컬러링, 디자인 등)이 없어야 하며, 표식이 될 수 있는 액세서리(예 : 반지, 시계, 팔찌 ,발찌, 목걸이, 귀걸이 등)를 착용할 수 없습니다.
5. 수험자는 시험 중에 필요한 물품(습포, 락스 등)을 가져오거나 관리상 필요한 이동을 제외하고 지정된 자리틀 이탈하거나 다른 수험자와 대화 등을 할 수 없으며, 질문이 있는 경우는 손을 들고 시험위원이 올 때까지 기다려야 합니다.
6. 사용되는 해면과 코튼은 반드시 새 것을 사용하고 과제 시작 전 사용에 적합한 상태를 유지하도록 미리 준비해야 합니다.
7. 시험 시 사용되는 타월은 대형과 중형은 지참재료상의 지정된 수량만큼만 사용하고, 소형은 필요시 더 사용할 수 있습니다.
8. 수험자는 작업에 필요한 습포를 시험 시작 전 미리 준비(온습포는 과제당 6매까지 온장고에 보관)할 수 있으며, 비닐백(지퍼백 등)에 비번호 기재 후 보관하여야 합니다.
9. 모델은 반드시 화장(파운데이션, 마스카라, 아이라인, 아이섀도, 눈썹 및 입술화장(립스틱 사용 등))이 되어 있어야 합니다(남자모델의 경우도 동일).
10. 모델은 만 14세 이상의 신체 건강한 남, 여(년도기준)로 아래의 조건에 해당하지 않아야 합니다.
    ① 심한 민감성 피부 혹은 심한 농포성 여드름이 있는 사람 등 피부관리에 적합하지 않은 피부질환을 가진 사람
    ② 성형수술(코, 눈, 턱윤곽술, 주름제거 등)한지 6개월 이내인 사람
    ③ 호흡기 질환, 민감성 피부, 알레르기 등이 있는 자
    ④ 임신 중인 자
    ⑤ 정신질환자
    ※ 수험자가 동반한 모델도 신분증을 지참하여야 하며, 공단에서 지정한 신분증을 지참하지 않은 경우, 모델로 시험에 참여가 불가능합니다.

※ 여성 수험자는 여성모델을, 남성 수험자는 남성 모델을 대동해야 하며 사전에 모델에게 작업에 요구되는 노출에 대한 동의를 받으셔야 합니다.

11. 관리 대상부위틀 제외한 나머지 부위는 노출이 없도록 수건 등으로 덮어두시오(단 팔은 노출이 가능함).
12. 팩과 딥클렌징 제품을 제외한 화장품은 어느 한 피부타입에만 특화되지 않고 모든 피부타입에 사용해도 괜찮은 타입(올 스킨타입 혹은 봄용)을 사용해야 합니다.
13. 수험자 또는 모델은 핸드폰을 사용할 수 없습니다.
14. 작업에 필요한 각종 도구를틀 바닥에 떨어뜨리는 일이 없도록 하여야 하며, 특히 눈썹칼, 가위 등을 조심성 있게 다루어 안전사고가 발생되지 않도록 주의해야 합니다.
15. 제시된 작업시간 안에 세부 작업을 끝내며, 각 과제의 마지막 작업 시에는 주변 정리를 함께 끝내야 하되, 각 세부 작업 시험시간을 초과하는 경우는 해당되는 세부 작업을 0점 처리합니다.
16. 다음 사항은 실격에 해당하여 채점 대상에서 제외됩니다.
    ① 시험 전체 과정을 응시하지 않은 경우
    ② 시험 도중 시험실을 무단 이탈하는 경우
    ③ 부정한 방법으로 타인의 도움을 받거나 타인의 시험을 방해하는 경우
    ④ 무단으로 모델을 수험자간에 교환하는 경우
    ⑤ 국가기술자격법상 국가기술자격 검정에서의 부정행위 등을 하는 경우
    ⑥ 수험자가 위생복을 착용하지 않은 경우
    ⑦ 모델이 가운을 미착용한 경우(여성 : 속가운, 남성 : 베이지색 또는 남색 반바지)
    ⑧ 수험자 유의사항 내의 모델 조건에 부적합한 경우
    ⑨ 주요 화장품을 대부분 덜어서 가져온 경우
17. 시험응시 제외 사항
    ① 모델을 데려오지 않은 경우
18. 득점 외 별도 감점 사항
    ① 복장상태, 사전 준비상태 중 어느 하나라도 미 준비하거나 준비 작업이 미흡한 경우
    ② 모델이 가운을 미착용한 경우(여성 : 겉가운, 남성 : 흰색 반팔 티셔츠)

③ 관리 범위를 지키지 않는 경우(관리 범위 중 일부를 하지 않거나 범위를 벗어나는 것 모두 해당)

④ 작업순서를 지키지 않는 경우

⑤ 눈썹을 사전에 모두 정리를 해서 오는 경우

⑥ 필요한 기구 및 재료 등을 시험 도중에 꺼내는 경우

19. 마스크 작업 시 마스크 종류 및 순서가 틀린 경우(예: 팩과 마스크의 순서를 바꿔서 작업한 경우 등), 지압 및 강한 두드림 등 안마 행위를 하는 경우 및 눈썹과 체모가 없는 경우는 해당 작업을 0점 처리합니다.
20. 항목별 배점은 얼굴관리 60점, 부위별 관리 25점, 림프를 이용한 피부관리 15점입니다.

국가기술자격 실기시험문제

자격종목	미용사(피부)	과제명	〈얼굴관리〉

※ 문제지는 시험종료 후 반드시 반납하시기 바랍니다.

※ 시험시간 : 2시간 15분

- 1과제 : 1시간 25분(준비작업시간 및 위생 점검시간 제외)

1. 요구사항

다음과 같이 준비 작업을 하시오.

가. 클렌징 작업 전, 과제에 사용되는 화장품 및 사용 재료를 관리에 편리하도록 작업대에 정리하시오.

나. 베드는 대형 수건을 미리 세팅하고, 재료 및 도구의 준비, 개인 및 기구 소독을 하시오.

다. 모델을 관리에 적합하게 준비(복장, 헤어터번, 노출관리 등)하고 누워 있도록 한 후 감독위원의 준비 및 위생 점검을 위해 대기하시오.

※ 아래 과정에 따라 모델에게 피부미용 작업을 하시오.

순서	작업명	요구내용	시간	비고
1	관리계획표 작성	제시된 피부타입 및 제품을 적용한 피부관리 계획을 작성하시오.	10분	
2	클렌징	지참한 제품을 이용하여 포인트 메이크업을 지우고 관리범위를 클렌징한 후, 코튼 또는 해면을 이용하여 제품을 제거하고, 피부를 정돈하시오.	15분	도포 후 문지르기는 2~3분 정도 유지하시오.

순서	작업명	요구내용	시간	비고
3	눈썹정리	족집게와 가위, 눈썹칼을 이용하여 얼굴형에 맞는 눈썹모양을 만들고, 보기에 아름답게 눈썹을 정리하시오.	5분	눈썹을 뽑을 때 감독확인 하에 작업하시오(한쪽 눈썹에만 작업하시오).
4	딥클렌징	스크럽 , AHA, 고마쥐, 효소의 4가지 타입 중 지정된 제품을 이용하여 얼굴에 딥클렌징한 후, 피부를 정돈하시오.	10분	제시된 지정타입만 사용하시오.
5	손을 이용한 관리(매뉴얼테크닉)	화장품(크림 혹은 오일타입)을 관리부위에 도포하고, 적절한 동작을 사용하여 관리한 후, 피부를 정돈하시오.	15분	
6	팩	팩을 위한 기본 전처리틀 실시한 후, 제시된 피부타입에 적합한 제품을 선택하여 관리부위에 적당량을 도포하고, 일정 시간 경과 뒤 팩을 제거한 후, 피부를 정돈하시오.	10분	팩을 도포한 부위는 코튼으로 덮지 마시오.
7	마스크 및 마무리	마스크를 위한 기본 전처리를 실시한 후, 지정된 제품을 선택하여 관리부위에 작업하고, 일정 시간 경과 뒤 마스크를 제거한 다음 피부를 정돈한 후 최종마무리와 주변정리를 하시오.	20분	제시된 지정 마스크만 사용하시오.

2. 수험자 유의사항

1) 지참 재료 중 바구니는 왜건의 크기(가로X세로)보다 큰 것은 사용할 수 없습니다.
2) 관리계획표는 제시된 조건에 맞는 내용으로 시험에서의 작업에 의거하여 작성하시오.
3) 필기도구는 검은색 볼펜만을 사용하여 작성하시오.
4) 눈썹정리 시 족집게를 이용하여 눈썹을 뽑을 때는 감독위원의 입회하에 실시하되, 감독위원의 지시를 따르시오.(작업을 하고 있다가 감독위원이 지시하면 족집게를 사용하며, 작업을 하지 않고 기다리지 마시오.)
5) 고마쥐 제품 사용 시 도포는 얼굴에 하되 밀어내는 것은 이마 전체와 오른쪽 볼 부위만을 대상으로 하시오.
6) 팩은 요구되는 피부타입에 따라 제품을 선택하여 사용하고, 붓 또는 스파튤라를 사용하여 관리 부위에 도포하시오.
7) 마스크의 작업 부위는 얼굴에서 목 경계 부위까지로 작업 시 코와 입에 호흡을 할 수 있도록 해야 합니다.
8) 얼굴관리 중 클렌징, 손을 이용한 관리, 팩 작업에서의 관리범위는 얼굴부터 데콜테(가슴(breast)은 제외)까지를 말하며, 겨드랑이 안쪽 부위는 제외됩니다.
9) 모든 작업은 총 작업시간의 90% 이상을 사용하시오(단, 관리계획표 작성은 제외).

국가기술자격 실기시험문제

자격종목	미용사(피부)	세부과제명	〈관리계획표 작성〉

※ 문제지는 시험종료 후 반드시 반납하시기 바랍니다.

※ 시험시간 : 2시간 15분
- 1과제 세부과제 10분

※ 아래 예시에서 주어진 조건에 맞는 관리계획표를 작성하시오.

1. 얼굴의 피부 타입은 팩 사용의 부위별 피부 타입을 기준으로 결정하시오.
(단, T-존과 U-존의 피부 타입만으로 판단하며, 피부의 유, 수분 함량을 기준으로 한 타입(건성, 중성(정상), 지성, 목합성)만으로 구분하시오.

2. 팩 사용을 위한 부위별 피부 상태(타입)
- T-존 :

- UT-존 :

- 목 부위 :

3. 딥클렌징 사용 제품 :

4. 마스크

※ 기타 유의사항

1) 관리 계획표상의 클렌징, 매뉴얼테크닉용 화장품은 본인이 시험장에서 사용하는 제품의 제형을 기준으로 하시오.

<table>
<tr><th colspan="3">관리계획 차트 (Care Plan Chart)</th></tr>
<tr><td colspan="2">비번호</td><td>시험일자 20 . . .(부)</td></tr>
<tr><td rowspan="2">관리목적
및
기대효과</td><td colspan="2">관리목적 :</td></tr>
<tr><td colspan="2">기대효과 :</td></tr>
<tr><td colspan="2">클렌징</td><td>□ 오일 □ 크림 □ 밀크/로션 □ 젤</td></tr>
<tr><td colspan="2">딥클렌징</td><td>□ 고마쥐(gommage) □ 효소(enzyme) □ AHA □ 스크럽</td></tr>
<tr><td colspan="2">매뉴얼테크닉 제품타입</td><td>□ 오일 □ 크림</td></tr>
<tr><td colspan="2">손을 이용한 관리형태</td><td>□ 일반 □ 림프</td></tr>
<tr><td colspan="2" rowspan="3">팩</td><td>T존 : □ 건성타입 팩 □ 정상타입 팩 □ 지성타입 팩</td></tr>
<tr><td>U존 : □ 건성타입 팩 □ 정상타입 팩 □ 지성타입 팩</td></tr>
<tr><td>목부위 : □ 건성타입 팩 □ 정상타입 팩 □ 지성타입 팩</td></tr>
<tr><td colspan="2">마스크</td><td>□ 석고마스크 □ 고무마스크</td></tr>
<tr><td rowspan="2">고객 관리 계획</td><td colspan="2">1주 :</td></tr>
<tr><td colspan="2">2주 :</td></tr>
<tr><td rowspan="2">자가 관리 조언
(홈케어)</td><td colspan="2">제품을 사용한 관리 :</td></tr>
<tr><td colspan="2">기타 :</td></tr>
</table>

※ 관리계획표는 요구하는 피부타입에 맞추어 시험장에서의 관리를 기준으로 하시오.

※ 고객관리계획은 향후 주단위의 관리 계획을, 자가관리 조언은 가정에서의 제품 사용을 위주로 간단하고 명료하게 작성하며 수정 시 두 줄로 긋고 다시 쓰시오.

※ 향후 관리는 총 기간을 2주로 하고 각 주 관리에 대한 내용을 기술

ex) 클렌징 → 딥클렌징(효소, 고마쥐, 스크럽, AHA 중 택 1) → 매뉴얼테크닉 → 크림팩(타입 등 표기) → 크림(제품 타입 등 표기)

ex) 클렌징 → 딥클렌징(효소, 고마쥐, 스크럽, AHA 중 택 1) → 매뉴얼테크닉 → 크림팩(타입 등 표기) → 크림(제품 타입 등 표기)

※ 체크하는 부분은 주가 되는 하나만 하시오.

※ 고객관리 계획에서 마스크에 대한 사항은 제외하며, 마무리에 대한 사항은 작성하시오.

국가기술자격 실기시험문제

자격종목	미용사(피부)	과제명	팔, 다리관리

※ 문제지는 시험종료 후 반드시 반납하시기 바랍니다.

※ 시험시간 : 2시간 15분

- 2과제 : 35분(준비작업시간 제외)

1. 요구사항

※ 팔, 다리관리를 하기 위한 준비작업을 하시오.

가. 과제에 사용되는 화장품 및 사용 재료는 작업에 편리하도록 작업대에 정리하시오.

나. 모델을 관리에 적합하도록 준비하고 베드 위에 누워서 대기하도록 하시오.

※ 아래 과정에 따라 모델에게 피부미용 작업을 실시하시오.

순서	작업명		요구내용	시간	비고
1	손을 이용한 관리 (매뉴얼테크닉)	팔(전체)	모델의 관리부위(오른쪽 팔, 오른쪽 다리)를 화장수를 사용하여 가볍고 신속하게 닦아낸 후 화장품(크림 혹은 오일 타입)을 도포하고, 적절한 동작을 사용하여 관리하시오.	10분	총 작업시간의 90% 이상을 유지하시오.
		다리(전체)		15분	
2	제모		왁스 워머에 데워진 핫 왁스를 필요량만큼 용기에 덜어서 작업에 사용하고, 팔 또는 다리에 왁스를 부직포 길이에 적합한 면적만큼 도포한 후 체모를 제거하고 제모부위의 피부를 정돈하시오.	10분	제모는 좌우 구분이 없으며 부직포 제거 전 손을 들어 감독의 확인 받으시오.

2. 수험자 유의사항

1) 손을 이용한 관리는 팔과 닥리가 주 대상 범위이며 손과 발의 관리 시간은 전체 시간의 20%를 넘지 않도록 하시오.
2) 제모 시 손 또는 발을 제외한 좌우측 팔 전체 또는 다리 전체 중 작업을 수행하기 적합한 부위를 선택하며 한 번만 제거하시오.
3) 관리부위에 체모가 완전히 제거되지 않았을 경우 족집게 등으로 잔털 등을 제거하시오.
4) 조모 작업은 7×20cm 정도의 부직포 1장을 이용한 도포 점위(4~5 × 12~14cm)를 기준으로 하시오.

국가기술자격 실기시험문제

자격종목	미용사(피부)	과제명	〈림프를 이용한 피부관리〉

※ 문제지는 시험종료 후 반드시 반납하시기 바랍니다.

※ 시험시간 : 2시간 15분

- 3과제 : 15분(준비작업시간 제외)

1. 요구사항

※ 림프관리에 적합한 준비작업을 하시오.

가. 과제에 사용되는 화장품 및 사용 재료는 작업에 편리하도록 작업대에 정리하시오.

나. 모델을 작업에 적합하도록 준비하시오.

※ 아래 과정에 따라 모델에게 피부미용 작업을 실시하시오.

순서	작업명	요구내용	시간	비고
1	림프를 이용한 피부관리	적절한 압력과 속도를 유지하며 목과 얼굴 부위에 림프절 방향에 맞추어 피부관리를 실시하시오. (단 에플라쥐 동작을 시작과 마지막에 하시오)	15분	종료 시간에 맞추어 관리하시오.

2. 수험자 유의사항

1) 작업 전 관리부위에 대한 클렌징 작업은 하지 마시오.
2) 관리 순서는 에플라쥐를 먼저 실시한 후 첫 시작지점은 목 부위(profundus)부터 하되, 림프절 방향으로 관리하며, 림프절의 방향에 역행되지 않도록 주의하시오.
3) 적절한 압력과 속도를 유지하고, 정확한 부위에 실시하시오.

02 2023년 미용사(피부) 실기시험 변경 내역

□ 관련 법령 등 명시 구체화

□ 고마취, 제모 작업 범위 추가

□ 면(코튼) 타입 해면 사용 허용

구분	현행	개정	비고
공개문제 p1	⑤ 국가자격검정 규정에 위배되는 부정행위 등을 하는 경우	⑤ 국가기술자격법상 국가기술자격 검정에서의 부정행위 등을 하는 경우	적용시기 : 2023년 상시 실기검정 제1회부터
공개문제 p4	5) 고마쥐 제품 사용 시 도포는 얼굴에 하되 밀어내는 것은 이마와 오른쪽 볼 부위만을 대상으로 하시오	5) 고마쥐 제품 사용 시 도포는 얼굴에 하되 밀어내는 것은 이마 전체와 오른쪽 볼 부위만을 대상으로 하시오	
공개문제 p8	2. 수험자 유의사항 2) 제모 시 손 또는 발을 제외한 좌우측 팔 전체 또는 다리 전체 중 적합한 부위에 한 번만 제거하시오.	2. 수험자 유의사항 2) 제모 시 손 또는 발을 제외한 좌우측 팔 전체 또는 다리 전체 중 작업을 수행하기 적합한 부위를 선택하여 한 번만 제거하시오.	
수험자 지참 준비물	스펀지 해면 사용	해면(스펀지, 면(코튼) 타입 혼용 사용 가능)	

03 미용사(피부) 실기공개문제 관련 FAQ Vol. 2(문제관련)

Q1. 미용사(피부) 실기시험은 과제 구성이 어떻게 됩니까?

A1. 미용사(피부) 실기시험은 공개된 바와 같이 1과제 「얼굴관리」, 2과제 「팔 ,다리관리」, 3과제 「림프를 이용한 피부관리」의 순으로 구성되어 시험이 시행됩니다. 공개문제 등은 수정사항에 의하여 새로 등재되므로 정기적으로 확인을 해야 합니다.

Q2. 과제별 시험 시간은 어떻게 됩니까?

A2. 시험시간은 전체 2시간 15분(순수작업시간 기준)이며, 각 과제별 시간은 1과제 85분 ,2과제 35분, 3과제 15분입니다.

Q3. 기본 준비작업은 어떻게 해야 하나요?

A3. 과제 시작 전에 준비작업 시간을 따로 부여하며, 이때 과제에 필요한 작업물과 도구, 베드 등을 작업에 적합하게 준비한 다음 대기하고 있으면 됩니다. 모델은 바로 작업이 가능한 상태로 되어 있어야 하며, 눕혀서 대기하면 됩니다.

Q4. 손을 이용한 피부관리와 마사지는 어떤 차이가 있나요?

A4. 미용사(피부)의 피부관리는 마사지라는 용어를 사용하지 않습니다. 시중의 마사지와 손을 이용한 피부관리(매뉴얼테크닉)는 목적견는 바가 분명히 다릅니다. 피부미용에서의 손을 이용한 피부관리는 원칙적으로 화장품 등의 물질의 원활한 도포 및 그것을 돕기 위한 일련의 손동작을 의미하며 근육을 강하게 누르거나 마사지하여 일정 부위를 자극하거나 괘감을 유도하는 일련의 마사지 법과는 분명한 차이가 있습니다.

Q5. 피부관리계획표의 작성은 어떻게 하나요?

A5. 당일날 시험장에서 얼굴부위별 타입에 대한 내용과 사용할 딥클렌징제틀 지정(당일 시험장 측에서 제시함)하면 그에 따른 피부관리계획표를 작성하게 되며, 이는 대동한 모델의 피부타입과는 관계없이 이루어집니다. 그리고 이후의 작업은 모델의 피부타입과는 관계없이 피부관리계획표 상의 제품을 기준으로 수행하면 됩니다. 기타 피부관리계획표의 기재사항은 공개문제틀 참고하면 됩니다.

Q6. 눈썹정리 과제는 어떻게 작업하면 됩니까?

A6. 눈썹정리는 가위, 눈썹칼, 족집게를 이용하여 하면 됩니다. 족집게의 사용 시는 반드시 감독위원의 입회 및 지시에 따라야 되며, 3개 이상만 뽑아내면 됩니다. 넓은 면의 잔털과 모양내기는 눈썹칼을 이용하면 됩니다. 눈썹정리 시 제거한 눈썹은 옆에 티슈에 모아 놓았다가 감독위원의 지시에 따라 휴지통에 버리면 됩니다(하나도 없는 경우는 미리 눈썹 정리를 다 해온 것으로 판단하여 채점 상 불이익을 받을 수 있습니다). 단 눈썹정리 시 한쪽 눈썹에만 작업해야 합니다.

Q7. 딥클렌징 과제는 어떻게 작업하면 됩니까?

A7. 모델의 피부 타입과는 관계없이 4가지 타입 중 당일 지정해주는 제품 타입을 이용하여 관리를 해야 합니다.

Q8. 팩은 어떻게 하면 되나요?

A8. 시험장에서 지정해주는 얼굴과 목 타입에 맞는 제품을 사용하면 됩니다. 얼굴에서 T존과 U존 그리고 목 부위의 세 부위별로 타입을 제시(전체가 한 가지 타입이 될 수도 있고, 세 부위가 각각 다른 타입이 될 수도 있음)하여 팩을 도포하도록 되어 있습니다.

Q9. 마스크는 어떻게 하면 되나요?

A9. 석고마스크과 고무 모델링 마스크 중 시험장에서 지정해주는 제품을 사용하면 됩니다. 마스크를 위한 기본 전처리를 실시한 후 얼굴에서 목의 경계부위까지(턱 하단 포함) 코와 입에 호흡을 할 수 있도록 도포하면 됩니다.

Q10. 팔, 다리관리시간은 어떻게 되고 또 관리 부위는 어떻게 되나요?

A10. 10분 동안 팔관리를 하고 이어 다리 부위를 15분 동안 관리하는 방식으로 진행됩니다. 관리 부위는 공개된 것처럼 오른쪽 팔과 오른쪽 다리 부위 총 2 부위를 대상으로 순서대로 작업하게 됩니다. 팔은 전체를 관리 대상으로 하고, 다리의 경우도 전체를 대상으로 범위가 넓어졌습니다. 다리는 서혜부를 제외한 아래쪽 전부는 말하며, 뒤쪽도 포함되므로 뒤쪽은 다리를 들어서(다리를 세우거나, 개구리 다리 모양으로 옆으로 해서) 관리를 하면 됩니다.

Q11. 제모는 어떻게 하나요?

A11. 제모는 제공되는 왁스를 종이컵에 덜어가서 사용하여 작업하면 됩니다. 제모 작업의 부위는 양쪽 팔 또는 다리 전체 중 제모하기에 적합한 부위를 선택하여 한 번만 작업하며, 제모 면적은 수험자 지참 재료인 부직포(7×20)를 이용할 때 적합한 정도인 4~5×12~15cm 정도이면 됩니다. 단 부직포를 제거할 때는 감독위원의 입회하에 작업을 하면 됩니다.

Q12. 림프를 이용한 관리는 어떻게 하나요?

A12, 림프틀 이용한 관리는 15분의 시간으로 진행되며, 림프관리시에는 종료와 동시에 끝낼 수 있도록 하면 됩니다. 림프틀 이용한 관리는 시술 부위는 얼굴과 목을 대상으로 하며, 림프절을 따라 손을 이용하여 피부관리틀 하면 되며, 순서는 데콜테 부위의 에플라쥐틀 가볍게 하신 후 손동작의 시작점은 프로펀더스(prakindus)부터 시작하면 되고, 목관리-얼굴관리 순으로 하고 마지막 동작은 에플라쥐로 끝내면 됩니다.

Q13. 시중의 피부관리실 등을 보면 업소에 따라 피부관리하는 방법이 상당히 다르고 또 업소나 사람마다 행하는 시술법이 다른 것 같은데 어떤 것을 기준으로 하게 되나요?

A13. 미용사(피부)는 기능사 등급의 시험입니다. 즉 피부미용사의 업무틀 행하기 위한 기본적인 동작과 시술을 보는 것이기 때문에 화려한 테크닉이나 특별한 작업 방법을 요구하지 않습니다. 손을 이용한 피부관리는 기본 동작의 정확도, 연결성, 리드미컬한 움직임 등 기본 동작과 자세 등을 가장 중점으로 채점하는 것을 기본 방향으로 하고 있습니다.

Q14. 시험 시 검정장에서 제공되는 것은 무엇이 있나요?

A14. 공통으로 사용되는 기자재(왁스 워머, 온장고 등)와 베드 등은 검정장에서 준비가 됩니다. 지참 시 필요한 준비물은 공개문제 혹은 원서 접수 시에 www.Q-net.or.kr에서 확인이 가능합니다.

Q15. 모델은 직접 데리고 와야 하나요?

A15. 수험자가 모델을 대동하고 와야 합니다. 그리고 자신이 데려온 모델은 자신이 관리하게 되며, 사전 준비 시간에 모델에게 될요한 준비물(가운, 슬리퍼 등)은 모델에게 미리 주셔야 합니다.

Q16. 모델의 조건은 어떻게 되나요?

A16. 모델은 기본적으로 메이크업을 하고 와야 하며, 모델의 나이 상한 제한은 없어 졌으며 만 14세가 되는 해 출생자부터 모델로서 가능합니다. 그리고 국적이 한국인 사람 외에 조선족이나 중국계 한족 및 동남아인, 백인 등은 모델로서 가능합니다만 피부색 등이 일반적인 한국인과 많이 달라 감독위원의 채점에 지장을 줄 수 있는 모델은 불가합니다. 그 외에 심한 민감성 피부 혹은 심한 농포성 여드름이 있는 사람(스크럽이나 고마쥐의 1회 관리 시에도 문제가 생기는 피부를 의미), 성형수술(코, 눈, 턱윤곽술, 주름제거 등)한지 6개월 이내인 사람, 임신 중인 사람, 피부관리에 적합하지 않은 피부질환을 가진 사람 등은 모델이 될 수 없으며, 눈썹이 없거나 적어(일반적인 기준으로 가로길이의 2/3 정도가 되지 않는 경우) 눈썹관리 작업에 적합하지 않은 사람, 체모가 없거나 아주 적어 제모시술에 적합하지 않은 사람은 감점 등의 불이익이 있을 수 있습니다. 여성 수험자는 여성모델을, 남성 수험자는 남성 모델을 준비하면 되며 사전에 모델에게 작업에 요구되는 노출에 대한 동의를 받으셔야 합니다.

Q.17. 남자가 응시하게 되는 경우는 모델을 어떻게 해야 하나요?

A.17. 남자의 경우는 남자수험자들만 따로, 남성 모델을 대상으로 피부관리틀 하게 됩니다. 그리고 모델은 기본적으로 화장이 되어 있어야 하며, 만약 화장이 필요한 남성 모델의 경우 검정장의 대기실에서 모델조건에 맞는 화장을 할 수 있도록 할 예정이니 이틀 위한 준비를 따로 하면 됩니다. 그리고 남자 모델은 시험장의 베드에서 관리를 받기 위해 상의를 탈의하여야 하며, 다리관리 시에는 하의틀 탈의하거나, 다리관리 범위에 지장이 없도록 하의를 관리하도록 해야 됩니다.

Q.18. 볼에 화장품을 덜어서 사용해야 합니까?

A.18. 기본적으로 관리 시 위생상태의 유지틀 위해 한 번의 양으로 모두 사용되지 않는 한 필요한 양만큼 볼에 덜어둔 뒤 관리 시 사용되는 것이 권장됩니다. 볼 3개를 모두 사용했을 경우에는 티슈 등으로 닦아낸 뒤 소독을 하고 재사용하는 것은 허용됩니다(필요한 경우 소형 볼을 더 지참할 수 있음).

Q.19. 습포는 어떻게 사용해야 합니까?

A.19. 온습포 혹은 냉습포는 관리에 반드시 사용되어야 하는 단계가 있습니다. 그 외의 경우에는 습포를 사용하는 것에 대하여는 관리상의 선택 혹은 방법으로 간주하여 점수화하지는 않습니다(언제 사용해야 하는 것은 채점과 관계된 사항이므로 답변하지 않습니다). 그리고 온습포의 사용은 비치된 온장고를 이용하면 되며, 반드시 사용할 때마다 가져와야 합니다. 그리고 온장고 이용 시에는 집게(비치될 예정임, 개인 집게 사용가능)와 트레이(쟁반)를 사용하여 습포를 가져오면 됩니다.

Q.20. 1과제의 손을 이용한 관리시 관리 부위는 어디까지입니까?

A.20. 1과제의 손을 이용한 관리시 관리 대상이 되는 부는 데콜테까지입니다. 단, 가슴 및 겨드랑이 안쪽 부위는 포함하지 않습니다.

※ 지참 준비물 등은 문제의 변경이나 기타 다른 사유로 수량 및 품목 등이 변경될 수도 있으니 정기적인 확인을 부탁드립니다.

※ 기타 세부 사항은 본 공단 홈페이지(http://www.q-net)의 「고객지원 - 자료실 - 공개문제」에 공개되어 있는 내용을 참고하시기 바랍니다.

공지되는 FAQ는 시험준비를 앞둔 수험자들의 편의를 도모하기 위해 수험자의 빈번한 문의사항에 대한 답변을 정리한 것이며, 해당 내용은 관련 분야의 전문가로 구성된 전무가회의 및 자문을 통해 결정된 사항에 대한 설명으로 시험 준비 시에 참고하기 바랍니다.

04 미용사(피부) 수험자 복장 감점 적용범위

<table>
<tr><th>구분</th><th>기준</th><th>내용</th><th>감점 적용</th><th>비고</th></tr>
<tr><td rowspan="4">위생복
(가운)</td><td rowspan="4">반팔
흰색</td><td>민소매형(민소매+반팔티 포함)</td><td>√</td><td rowspan="3">가운의 목깃, 허리 부분 길이, 디자인 등은 감점사항 아님</td></tr>
<tr><td>긴괄(걷는 것도 포함))</td><td>√</td></tr>
<tr><td>반팔가운이지만 속티가 길게 나온 경우</td><td>√</td></tr>
<tr><td>하얀색 바탕에 검정무늬(단추 등 포함)</td><td>√</td><td>비표식 개념</td></tr>
<tr><td rowspan="4">위생복
(하의)</td><td rowspan="4">흰색 긴
바지</td><td>검정, 회색, 아이보리, 베이지 등의 유색 하의</td><td>√</td><td rowspan="4">하의의 종류, 재질 및 디자인은 구분하지 않음</td></tr>
<tr><td>긴바지가 아닌 하의(반바지, 스타킹, 츄리닝, 레깅스 등)</td><td>√</td></tr>
<tr><td>색줄 혹은 색무늬 있는 하의</td><td>√</td></tr>
<tr><td>기타 흰색 외 색상</td><td>√</td></tr>
<tr><td rowspan="3">마스크</td><td rowspan="3">흰색</td><td>청색(하늘색 포함)</td><td>√</td><td rowspan="3">청색은 비표식 개념(수험자 재료목록 기재사항)</td></tr>
<tr><td>미착용</td><td>√</td></tr>
<tr><td>흰색 외 색상</td><td>√</td></tr>
</table>

구분	기준	내용	감점 적용	비고
신발	흰색 실내화	실내화가 아는 신발(일반운동화, 구두 등 실외에서 착용하는 신발 등)	√	신발 앞 혹은 뒤가 터져 있는 경우 샌달 혹은 슬리퍼형으로 간주
		샌달형	√	
		슬리퍼형	√	
		뒤가 터져 있는 간호사 신발	√	
		선명하고 확실하게 구분되는 두꺼운 줄 및 무늬가 있는 신발	√	
		기타 흰색 외 색상	√	
티셔츠	흰색	흰색을 제외한 유색 티셔츠(가운 밖으로 노출이 되는 경우)	√	비표식 개념
		목 전체를 덮는 폴라티	√	
양말	흰색	흰색 외 색상(표시가 나는 유색 스타킹 등도 포함) ※ 표시가 나지 않는 스타킹은 감점 제외 ※ 양말을 안 신은 경우(맨발)는 감점	√	복식은 흰색으로 통일하도록 되어 있으며, 유색은 비표식 개념
두발		머리띠 및 머리망 , 머리편 등의 두발 고정용품	√	색상 제한 없음 ex) 흰색 머리띠 착용 가능

05 2023년 미용사(피부) 실기시험 수험자지참재료목록

4. 지급재료 목록

자격종목	미용사(피부)

일련번호	재료명	규격	단위	수량	비고
1	핫왁스	400~500ml	개	1	7인당 1개
2	화장솜	100개	통	1	20인당 1개

일련번호	재료명	규격	단위	수량	비고

5. 수험자 지참 재료목록

자격종목	미용사(피부)

일련번호	재료명	규격	단위	수량	비고
1	위생복	상의 반팔 가운, 하의 긴 바지	벌	1	모든 복식은 흰색 통일
2	실내화	흰색	켤레	1	실내화만 허용
3	마스크	흰색	개	1	
4	대형타월	100×180cm, 흰색	장	2	베드용, 모델용
5	중형타월	65×130cm, 흰색	장	1	

일련번호	재료명	규격	단위	수량	비고
6	소형타월	35×80cm, 흰색	장	5장 이상	습포, 건포용
7	헤어터번(터번)	벨크로 (찍찍이)형	개	1	분홍색 또는 흰색
8	여성모델용 가운 및 겉가운	밴드(고무줄, 벨크로)형 일반형(겉가운)	벌	1	분홍색 또는 흰색
9	남성모델용 옷	박스형 반바지 & 반판 티셔츠	벌	1	하의-베이지 또는 남색 상의-흰색
10	모델용 슬리퍼		켤레	1	
11	필기도구	볼펜	자루	1	검은색 (유색 및 지워지는 펜 불가)
12	알코올 및 분무기		개	1	1인 사용량
13	일반솜		봉	1	탈지면, 1인 사용량
14	비닐봉지, 비닐백	소형	장	각 1	쓰레기 처리용, 습포보관용 (두터운 비닐백)
15	미용솜		통	1	화장솜
16	면봉		봉	1	1인 사용량
17	티슈		통	1	1인 사용량
18	붓	클렌징, 팩용	개	2	바디용 불가
19	해면	스펀지, 면타입	세트	1	1인 사용량

일련번호	재료명	규격	단위	수량	비고
20	스파튤라		개	3	클렌징, 팩용
21	보울(bowl)		개	3	클렌징, 팩 등
22	가위	소형	개	1	눈썹정리, 제모
23	족집게		개	1	눈썹정리, 제모
24	브러시		개	1	눈썹정리, 제모
25	눈썹칼	safety razer	개	1	눈썹정리
26	거즈		장	1	
27	아이패드		개	2	거즈, 화장송 가능
28	나무 스파튤라		개	1	제모용
29	부직포	7×20cm	장	1	제모용
30	장갑	라텍스	켤레	1	제모용
31	종이컵	100ml	개	1	제모용
32	보관통	컵형	개	2	스파튤라, 붓 등
33	보관통	뚜껑달린형	개	2	알코올 송 등
34	해면볼	소형	개	1	
35	바구니		개	2	정리용 사각
36	트레이(쟁반)	소형	개	1	습포용
37	효소		개	1	파우더형
38	고마쥐		개	1	크림형 또는 젤형
39	AHA	함량 10% 이하	개	1	액체형
40	스크럽제		개	1	크림형 또는 젤형

일련번호	재료명	규격	단위	수량	비고
41	팩	크림타입	set	1	정상, 건성, 지성
42	스킨토너(화장수)		개	1	모든 피부용
43	크림, 오일	메뉴얼테크닉용	개	1	모든 피부용
44	탈컴 파우더		개	1	제모용
45	진정로션 혹은 젤		개	1	제모용
46	영양크림		개	1	모든 피부용
47	아이 및 립크림		개	1	모든 피부용 (공용 사용가능)
48	포인트 메이크업 리무버	아이, 립	개	1	모든 피부용
49	클렌징 제품	얼굴 등	개	1	모든 피부용
50	고무볼	중형	개	1	마스크용
51	석고마스크	파우더타입	개	1	1인 사용량
52	고무 모델링마스크	파우더타입	개	1	1인 사용량
53	베이스크림	크림타입	개	1	석고마스크용
54	모델		명	1	모델기준 참조

※ 공개문제 및 수험자 지참 준비물에 언급된 도구 및 재료 중 기타 실기시험에서 요구한 작업 내용에 영향을 주지 않는 범위 내에서 수험자가 피부 미용 작업에 필요하다고 생각되는 재료 및 도구는 추가 지참할 수 있습니다.

※ 해면은 스폰지 타입과 면(코톤)타입의 지참 및 혼용 사용이 가능합니다.

※ 타월류의 경우는 비슷한 크기이면 무방합니다.

※ 팩과 마스크, 딥클렌징용 제품을 제외한 다른 모든 화장품은 모든 피부용을 지참해야 합니다.

※ 바구니의 경우 왜건크기보다 크면 사용할 수 없습니다.

※ 부직포는 지정된 길이에 맞게 미리 잘라서 오면 됩니다.

※ 모델기준 : 만 14세 이상의 신체 건강한 남, 여(년도 기준)로 아래의 조건 에 해당하지 않아야 합니다.

① 심한 민감성 피부 혹은 심한 농포성 여드름이 있는 사람 등 피부관리에 적합하지 않은 피부질환을 가진 사람

② 성형수술(코, 눈, 턱윤곽술, 주름제거 등)한지 6개월 이내인 사람

③ 호흡기 질환, 민감성 피부, 알레르기 등이 있는 자

④ 임신 중인 자

⑤ 정신질환자

※ 수험자가 동반한 모델도 신분증을 지참하여야 하며, 공단에서 지정한 신분증을 지참하지 않은 경우, 모델로 시험에 참여가 불가능합니다.

※ 젤리화, 크록스화, 벨크로형(찍찍이) 형태의 실내화 등도 지참 가능하며 감점사항에 해당되지 않습니다.

※ 여성 수험자는 여성모델을, 남성 수험자는 남성 모델을 준비하시면 되며 사전에 모델에게 작업에 요구되는 노출에 대한 동의를 받으셔야 합니다.

※ 수험자의 복장상태 중 위생복 속 반팔 또는 긴팔 티셔츠가 밖으로 나온 것도 감점사항에 해당됨을 양지 바랍니다.

※ 큐넷(www.q-net.or.kr) 자료실 내 2022년 미용사(피부) 공개 문제 내의 수험자 유의사항(전과제 공통) 등 관련 자료를 사전에 반드시 확인하여 준비하시기 바랍니다.

※ 적용시기 : 2023년 상시 실기검정 제 1회 시행 시부터

06 미용사(피부) 실기공개문제 관련 FAQ Vol. 2(재료관련)

Q1. 위생복(관리사 가운)과 실내화, 마스크는 어떤 것으로 준비해야 합니까?

A1. 위생복은 흰색 반팔 가운 및 흰색 바지로, 몸의 모든 목식은 흰색으로 통일하면 됩니다. 실내화는 앞, 뒤가 트이지 않은 실내화(운동화는 안되며, 반드시 실내화를 지참해야 함)틀 준비하면 되고 관리 작업상 굽이 있는 경우도 가능합니다. 마스크의 경우는 약국 등에서 판매하는 일회용 흰색 마스크를 사용하면 됩니다. 즉, 복장은 외부에서 보았을 때 머리 부분의 액세서리틀 제외하고 모두 흰색(양말 등 포함)이면 가능하며, 반팔 위생복 밖으로 긴팔 옷을 입거나, 위생복 안의 옷이 위생복 밖으로 절대 나오지 않아야 합니다. 기타 자세한 사항은 "미용사(피부) 수험자 복장 감점 적용범위"를 참고하기 바랍니다.

Q2. 타월은 어떻게 준비하고 또 사용 용도는 어떤가요?

A2. 타월은 대, 중, 소로 지정된 사이즈(대형의 경우 10% 정도의 크기 차이는 무방 합니다)로 준비하면 되며, 대형은 베드 깔개와 1,3과제에서의 모델을 덮는 용으로, 중형은 2과제에서 신체 부위를 가리는 용도 및 목 등 부위 받침용으로, 소형은 기타 및 습포용으로 사용하면 됩니다. 수량은 대형과 중형은 지정된 수량을 준비하

면 되고, 소형은 작업에 필요한 습포의 양에 따라 최소 5장 이상 가져오시면 됩니다(온장고에는 최대 6장까지 보관할 수 있습니다). 그리고 대형의 경우 보통 피부미용업소에서 사용하는 베드용 타월의 폭으로 되어있는 것(100~135×180cm)도 가능합니다.

Q3. 모델용 가운은 어떻게 준비하나요?

A3. 모델용 가운은 지정된 색의 가급적 무늬가 없는 것으로 준비하면 됩니다. 현란하거나 큰 무늬를 제외한 작은 무늬(일명 땡땡이)가 있는 정도는 허용하며, 밴드형과 벨크로(찍찍이)형 중 하나를 준비하면 됩니다. 그리고 겉가운은 검정 시설 상 모델 대기실과 검정장이 떨어져 있어 이동을 해야 하는 경우가 많으므로 이때 사용하는 것으로 색깔 역시 지정된 색 계통으로 일반 가운형을 준비하면 됩니다

Q4. 남성 모델용 옷은 색상이 상하의 통일인가요?

A4. 남성 모델용 옷은 상의는 흰색, 하의는 베이지 혹은 남색으로 준비하면 됩니다.

Q5. 모델용 슬리퍼는 특별한 제한이 없나요?

A5. 모델용 슬리퍼는 특별한 제한은 없습니다.

Q6. 알콜 및 분무기는 분무기에 알콜을 넣어오면 되는 건가요?

A6. 펌프식 혹은 스프레이식의 분무기에 알콜을 넣어오면 되고 이것은 화장품, 기구 혹은 손 등의 소독시에 사용됩니다. 그리고 스프레이식을 사용하여 소독하는 것에 대한 감점 등의 사항은 없습니다.

Q7. 정리대는 가져가야 하나요?

A7. 왜건은 기본적인 검정장 시설에 속하므로 모두 구비되어 있습니다. 그러므로 가져올 필요가 없습니다.

Q8. 미용솜과 일반솜은 무엇을 얘기하는 건가요?

A8 . 미용솜은 일반 화장솜을, 일반솜은 탈지면(코튼)을 의미합니다. 둘 다 소독용 혹은 클렌징용으로 사용됩니다.

Q9. 보울과 해면볼은 어떤 사이즈를 준비하면 됩니까?

A9. 보울은 소형의 유리 혹은 플라스틱 볼을 준비하면 되고 화장품을 덜어서 사용하는 용도로 이용됩니다. 그리고 해면볼(대야)은 물을 떠놓거나 해면을 담아 사용하기에 적절한 사이즈를 준비하면 됩니다.

Q10. 팩 시 거즈와 아이패드는 어떻게 사용되고 준비하여야 합니까?

A10. 거즈는 팩 시 얼굴 전체에 깔고 그 위에 팩을 도포하는 용도로 사용되는 것이 아니고, 팩이나 딥클렌징 시 입술을 덮는 용으로 사용되는 거즈틀 의미합니다. 아이패드도 역시 팩이나 딥클렌징 시 눈을 덮는 용도로 사용되며, 상품화된 아이패드를 사용하거나, 아니면 일반적으로 화장솜을 덮어서 사용해도 됩니다(단, 마스크 시에는 얼굴 전체에 깔고 그 위에 마스크를 도포하는 용도로 사용됩니다).

Q11. 제모 시의 부직포는 무엇이며 제시된 규격대로만 준비해야 합니까?

A11. 부직포는 제모 시에 사용되는 머슬린 천으로 사용되는 용도의 종이(혹은 천)을 의미하며 일반적으로 롤로 말려서 상품화되어 판매되고 있습니다. 규격에 맞추어 준비해 오면 되고 한 장만 사용하므로 정해진 크기의 부직포를 가지고 제모 작업을 할 수 있을 정도로 제모부위를 정하면 됩니다.

Q12. 보관통의 재질은 반드시 금속이어야 하나요?

A12. 보관통의 재질은 금속, 플라스틱, 유리 모두 관계없이 준비하면 됩니다.

Q13. 딥클렌징용 화장품 4가지를 모두 준비해야 하나요?

A13. 딥클렌징 시에는 지정된 타입을 사용하는 것이므로 목록의 4가지를 모두 준비해 와야 하며, 각각을 피부타입별로 따로 더 많이 준비하실 필요는 없습니다. 이 중 효소는 가루를 물에 개어서 크림상으로 만들어 사용하는 것을 준비해야 합니다. AHA의 경우는 액체형으로 준비하며, 시중에 있는 제품 중에서 함량 표시가 되어 있는 것이 많지 않으므로 함유 표시는 있되 , 함량이 겉으로 표시 안 된 제품을 가져오시는 경우 함량을 확인하여 준비하고 만약에 지정된 함량 이상의 것을 사용하였을 때 심한 트러블이 생기는 경우는 수험자에게 귀책이 돌아올 수 있습니다.

Q14. 팩은 어떤 피부타입을 준비하면 됩니까?

A14. 팩은 기본적으로 중성(정상), 지성, 건성의 3가지 피부타입을 기본으로 하면 되고, 필요에 따라 여드름 혹은 민감성 등 기타 타입을 1~2가지 정도 더 준비해도 무방한 필수조건은 아닙니다. 그리고 팩은 기본적으로 크림 타입을 준비해 오시

면 되며, 투명하거나 팩의 도포 타입 및 도포 방향 등을 구별할 수 없는 것은 제외됩니다.

Q15. 탈컴 파우더는 베이비 파우더를 준비해 와도 됩니까?

A15. 탈컴 파우더틀 사용하는 목적과 실제 효과가 베이비 파우더와 유사하므로 베이비 파우더로 대체하셔도 되지만 탈컴 파우더를 권장합니다(이와 관련해서 감점 등은 없습니다).

Q16. 진정로션 혹은 젤용으로 알로에 젤을 사용해도 됩니까?

A16. 일반적으로 알로에의 함유량이 높은 알로에 젤이 진정용으로 많이 사용되고 있으므로 가능합니다.

Q17. 아이크림과 립크림은 같이 사용하는 경우가 많은데 같이 사용해도 되나요?

A17. 아이크림과 립크림은 각각 따로 준비하셔도 되고 같이 사용해도 됩니다.

Q18. 메이크업 리무버와 클렌징 제품이 혼동됩니다. 설명해 주세요.

A18. 메이크업 리무버는 포인트 메이크업 리무버와 페이셜 클렌저를 의미하며, 클렌징 제품은 바디 클렌징 제품으로 현재 시험에서는 알콜을 함유하고 있는 화장수 등으로 가볍게 닦아내는 클렌징을 하도록 되어 있으므로 이에 필요한 화장품을 준비하면 됩니다(추후 스크럽 및 클렌저를 사용하는 클렌징을 요구하는 문제가 공개되는 경우에는 거기에 맞는 제품을 준비하면 됩니다).

Q19. 팔, 다리관리용 화장품은 어떤 타입이 사용됩니까?

A19. 팔、다리관리용 화장품은 오일타입 및 크림타입 둘 다 사용이 가능합니다.

Q20. 화장품은 어떤 형태로 가져와야 합니까?

A20. 화장품은 판매되는 제품으로 가져오시면 되고, 사용하던 것도 무방합니다만 덜어오는 것은 안됩니다. 그리고 외부 등에 관련된 화장품의 타입이나 용도 등이 프린트 혹은 스티커(제품회사에서 붙인, 단 인쇄된 것이어야 하며, 조잡하게 프린트되어 개인이 만들 수 있는 것과 구분이 되지 않는 것은 붙이지 말 것) 등으로 적혀져 있으면 됩니다. 모든 피부용의 경우 "all skin type 혹은 모든 피부용"이라고 적혀 있지 않아도 범용 혹은 모든 피부에 사용할 수 있다는 등의 내용이 설명서 혹은 제품에 안내되어 있으면 사용 가능합니다. 그리고 딥클렌징의 경우는 4가지 타입으로 목록상의 제품 성상에 맞는 제품이면 사용이 가능합니다. 그리고 화장품은 브랜드를 차별하지 않으며, 같은 회사의 라인으로 통일시킬 필요도, 제품 용량의 일정 이상이 들어 있을 필요도 없습니다.

Q21. 기타 자신이 가지고 오고 싶은 도구를 가져오는 것은 가능한가요?

A21. 목록상의 재료의 수량을 더 가져오시는 것은 가능합니다. 그러나 개인 왁스 및 왁스 워머는 따로 전원이 준비되지 못하므로 불가능하고 베게 등은 타월로 대체 가능하므로 불필요하며 , 면 시트 등은 검정장의 시설에 따라 적용사항이 다를 수 있으니 불필요합니다. 기타 작업의 결과에 영향을 주지 않는 범위 내의 화장품 등은 더 가져오셔도 됩니다.

※ 지참 준비물 등은 문제의 변경이나 기타 다른 사유로 수량 및 품목 등이 변경될 수도 있으니 정기적인 확인을 부탁드립니다.

※ 기타 세부 사항은 본 공단 홈페이지(http://www.q-net)의「고객지원 – 자료실 – 공개문제」에 공개되어 있는 내용을 참고하시기 바랍니다.

공지되는 FAQ는 시험준비를 앞둔 수험자들의 편의를 도모하기 위해 수험자의 빈번한 문의사항에 대한 답변을 정리한 것이며, 해당 내용은 관련 분야의 전문가로 구성된 전무가회의 및 자문을 통해 결정된 사항에 대한 설명으로 시험 준비 시에 참고하기 바랍니다.

참고문헌

고혜정 외, 피부관리학, 수문사 1999

그림과 사진으로 배우는 근육학, 한솔의학

김기연 외,피부관리학, 수문사 1999

김기연 외, 뷰티테라피, 현문사 2010

김광옥 외, 피부미용학, 청구문화사 2006

김남연 외, 최신 한방미용학개론, 청구문화사 2014

김남연, 아로마테라피, 구민사 2021

김남연, 피부미용학 총론, 구민사 2023

김명숙, 기초피부관리학, 현문사

김봉인 외, 스파뷰티테라피, 정담미디어 2009

김춘자, 피부미용학, 훈민사 2003

김해남, 기초 피부 관리학, 정담 2000

나현숙 외, 피부관리학, 수문사 2010

박시현, 재미있는 근육학이야기, 박시현 근육학 연구소 2010

아름다움을 창조하는 피부관리학, 형성출판사

안남훈, 홀리스틱경락관리학 실기편, 2008

이성내 외, 피부관리실기학, 청구문화사 2011

이유미 외, 전신 피부관리 실습, 광문각 2011

이재남 외, 기초피부관리학, 구민사 2013

임진숙 외, 바디 매뉴얼 트리트먼트 훈민사 2009

오영숙 외,스파테라피, 광문각 2012

원윤경 강신옥, 피부미용기기학, 훈민사 2006

한영숙 외, 피부미용학, 청구문화사 2011

한영숙 외, 피부미용실기, 청구문화사 2008

한채정 외, 피부미용학, 훈민사 2010

pimitrios ko stopoulos 외통증유발점 및 근막통치료, 영문출판사 2004

호서대학교 문화복지상담대학원 석사논문, 2012. 8

KMA 한국능률협회 스킨테라피 전문가 과정, 2013

http://blog.joins.com/media/folderListSlide.asp?uid=hskim5724&folder=63&list_id=8054829
http://terms.naver.com/entry.nhn?docId=450954&cid=910&categoryId=910
http://blog.daum.net/_blog/BlogTypeView.do?blogid=0cFud&articleno=373&_bloghome_menu=recenttext
http://blog.naver.com/gotoskin/80059467927
m.health.chosun.com
http://spaandequipment.com
[네이버 지식백과] 팔근육 [muscles of arm] (서울대학교병원)
http://www.varepartier.no
네이버 의학백과
11번가 판매상품
http://k.daum.net/qna
http://blog.naver.com/brbaram8758/80166911708
https://www.q-net.or.kr/cst006.do?id=cst00602&gSite=Q&gId=